D1726482

Felix von König · Windenergie in praktischer Nutzung

Felix von König

Windenergie
in praktischer Nutzung

Räder, Rotoren, Mühlen, Windkraftwerke

2., durchgesehene und erweiterte Auflage

Udo Pfriemer Verlag · München

CIP-Kurztitelaufnahme der Deutschen Bibliothek

König, Felix von
Windenergie in praktischer Nutzung:
Räder, Rotoren, Mühlen, Windkraftwerke.
— 2., durchges. u. erw. Aufl. —
München: Pfriemer, 1978.
ISBN 3-7906-0077-6

Mit 119 Abbildungen, davon 46 Photographien und
Reproduktionen, 73 Zeichnungen und Diagramme

2., durchgesehene und erweiterte Auflage

ISBN 3-7906-0077-6
© 1978 Udo Pfriemer Verlag GmbH
Landwehrstraße 68, D-8000 München 2
s 2-7802-3,5 (2.)

Druck: Kösel, Kempten
Printed in Germany

Vorwort zur 2. Auflage

Energie ist der übergeordnete Begriff für jede Art von Arbeitsvermögen, das in irgend einer Kraft steckt, — in Wärme, Licht, Magnetismus, Bewegung, Gewicht, Elektrizität, Wind oder in einer beliebigen Materie einschließlich ihrer Bindekräfte. Jede Energieform läßt sich in eine gebräuchliche Arbeit umwandeln oder umrechnen.

Kraft und Arbeitsvermögen des Menschen sind von Natur aus gering. Seine Körperkräfte reichen gerade dazu, sein Leben zu erhalten. Wer seine Lebensbedürfnisse mit weniger Eigenleistung befriedigen oder seinen Lebensstandard anheben wollte, mußte fremde Kräfte einsetzen. Damit begann die Haltung von Arbeitstieren, später aber auch die Haltung von Sklaven. Doch deren Leistungsvermögen war gleichermaßen beschränkt.

Erst die technische Entwicklung und mit ihr die Verwendung von Wasser- und Windkraft entließ allmählich die Menschen aus einer Fron, von der wir uns heute keine Vorstellung mehr machen.

Mein Buch beschreibt die praktische Nutzung der Windenergie von den frühen Kulturen bis in die heutige Zeit. Es berichtet über die ernsthaften Forschungen auf diesem Gebiet und zeigt sowohl die gängigen Einsatzmöglichkeiten als auch die Grenzen der schier unerschöpflichen, wenn auch eigenwilligen Energieform, die allein auf der Luftströmung beruht.

Erfahrungen und Pläne mit Windrädern brachten schon eine reiche wissenschaftlich-technische Ausbeute, von der nur wenig allgemein bekannt ist. Sie wird hier in einer repräsentativen Auswahl geboten. Die Abbildungen sind dabei augenfällige Wegweiser, so daß der Text sich in relativ wenige Abschnitte gliedert.

Bereits ein Jahr nach Veröffentlichung des Buches ist eine stark erweiterte Neuauflage notwendig geworden. In diesem Jahr ist mehr Neues entstanden, was dem Leser vorgestellt werden muß, als in den Jahrzehnten vorher. Denn infolge der weltweiten Bedenken gegen den weiteren Verbrauch fossiler Energieträger erinnert man sich auch wieder der Windkraft sowie dessen, was der Wind jahrhundertelang gerade in Europa technisch zu leisten vermochte. So hat das Buch jetzt, neben einigen anderen Ergänzungen, ein eigenes Kapitel „Neue Windenergieforschung" erhalten.

Die genauen mathematischen und technischen Zusammenhänge, die nicht alle Leser interessieren dürften, sind in einem gesonderten Band zusammengefaßt, der im gleichen Verlag unter dem Titel „Wie man Windräder baut" erschien und bereits weite Verbreitung gefunden hat. Darin finden sich die Konstruktionsanforderungen, welche die verschiedenen Windradtypen vom einflügeligen Schnelläufer bis zur Vertikalturbine stellen.

D-8221 Wimpasing 21   Felix von König

Inhalt

Zur Energielage

Nur der Einsatz energetischer Hilfsmittel machte den hohen Lebensstandard einiger weniger Völker der Erde möglich. Wo aus irgend einem Grund dem Menschen keine Zusatzenergie zur Verfügung steht, bleibt der Reichtum in engen Grenzen.

Die Energiesicherung wurde daher zu einer wichtigen, politischen Angelegenheit, die oft von eigens dafür eingerichteten Sonderministerien bearbeitet wird. Nachdem bereits überschaubar ist, daß die meisten fossilen Brennstoffe schon in fünfzig Jahren rar werden, dürften die Industriestaaten am Ende des zwanzigsten Jahrhunderts am Kulminationspunkt des Verbrauches angelangt sein.

Seitdem vor 400 000 Jahren, -so alt sind die frühesten Spuren einer Feuerstelle des Homo Sinanthropus bei Peking-, der Mensch das Feuer für seinen Wärmebedarf einzusetzen begann, sind „bis vor kurzem", d. h. bis vor etwa 200 Jahren kaum nennenswerte Mengen von den fossilen Erdschätzen entnommen worden. Der Holzreichtum des Waldes war übergenug.

Erst ab 1770, als die Dampfmaschine eine brauchbare Kraftmaschine wurde, griff man mit vollen Händen in die Kohlenlagerstätten. Als dann 1866 der Ottomotor patentiert wurde, meldete sich damit ein neuer Energieverbraucher an.

dessen Konsumfreudigkeit von niemandem vorauszusehen war. Bereits nach einhundert Jahren ist er Hauptursache dafür, daß trotz der bislang so gewaltigen Ölvorräte mit einer fast panischen Hektik nach den letzten Ölvorkommen tief unter dem Meer gebohrt wird.

Das zeigt sehr anschaulich, wie kurz bemessen der Wohlstandsboom im Vergleich zur geschichtlichen Epoche ist. In wenigen Jahrhunderten wird alles das verpraßt sein, was die Natur seit dem Silur, in einer halben Milliarde von Jahren, einmalig hat erstehen lassen. Setzt man die halbe Milliarde Jahre einem Tag gleich, so wird von der Menschheit sozusagen im Bruchteil einer Sekunde der gesamte fossile Energievorrat verbraucht (und das meiste davon verschwendet). Wir lebten so selbstverständlich in dieser Verschwendungssucht, daß uns die im Herbst 1973 treffende Verteuerung des Erdöles, verbunden mit dem Hauch eines Embargos, bereits außer Fassung zu bringen vermochte. Dabei ist eines sicher: die Eigenschaften Habsucht, Sorglosigkeit und Hang zur Gewalt werden den Menschen, wenn er sich nicht besinnt, in größere Armut stürzen als die zu erwartende Energieminderung auf etwa ein Fünftel bis ein Zehntel eines Wohlstandsbedarfes.

Die Verringerung des Ölzuflusses 1973 hat neben einer Flut von technischen Überlegungen und oft trügerischen Ideen auch zum Überdenken der Energiesituation geführt. Ganz so unbedenklich wie früher wird kaum mehr verschwendet werden.

Sieht die Zukunft der Menschen in den nächsten Jahrhunderten wirklich so düster aus, wie sie häufig gemalt wird? Um es vorwegzunehmen: Der Energiemangel wird sich noch einschneidender auswirken, als wir es uns heute vorstellen können. Die allgemeine Verschwendung wird auf der Strecke bleiben. Aber die Menschheit muß dennoch nicht in die Bronze- oder Eisenzeit zurückfallen. Dazu weiß sie zu viel. Die naturwissenschaftlichen und technischen Kenntnisse werden nun vorrangig dazu eingesetzt werden, die uns verbleibenden und sich immer wieder erneuernden Energieformen weitgehend nutzbar zu machen. Ein kleines, aber unerschöpfliches Kapital an Energie wird uns belassen, ausreichend für die Gewinnung der notwendigsten Güter des täglichen Lebens, darunter Düngemittel, Medikamente und Kunststoffe. Der Ben-

10

zinkraftwagen für den einzelnen Bürger wird nicht dazuge-
hören. Bauern, Handwerker und örtliches Kleingewerbe werden wieder zu Ehren kommen.

Es ist vielleicht an der Zeit, über den sogenannten „Energieverbrauch" ein paar Worte zu verlieren. Physikalisch gesehen kann eine Energie überhaupt nicht verbraucht,sondern
nur umgewandelt werden. Das Wort Verbrauch hat nur insofern einen Sinn, als die umgewandelte Energie meist nicht in
die frühere Form zurückverwandelt werden kann und somit
für den ursprünglichen Zweck verloren geht. Man kann zwar
Erdöl verbrauchen, aber nicht seine Energie. Die wird nur
umgewandelt, entweder in Arbeit oder einen anderen Stoff,
zum Beispiel Kunststoff, der selbst auch einen Heizwert
haben kann, der allerdings kleiner als der des Öles sein wird,
da beim Herstellungsverfahren ein Teil der Erdölenergie etwa
für Erwärmung, Rühr- oder Preßvorgänge abgezweigt wurde.

Auch der elektrische Strom wird nicht verbraucht. Die
Stromrechnung erhalten wir nur für die notwendigen Werke
der Energieumformung und -verteilung. Wenn wir einen
elektrischen Ofen andrehen, so wird dabei lediglich der ein-
fließende Elektronenstrom im Heizwiderstand abgebremst,
der durch die Reibung der Elektronen in dem Draht Wärme
erzeugt. Diese abgebremsten Elektronen fließen über die Leitung zum Kraftwerk zurück und werden dort durch die Mag-
nete des Generators wieder beschleunigt, wozu natürlich eine
Energie notwendig ist, die beim Wasserkraftwerk zum Beispiel der Energie des an der Staustufe herabfallenden Wassers
entnommen wird, wobei das Wasser ganz offensichtlich nicht
verbraucht wird, sondern nur auf einer tieferen Ebene weiter-
fließt.

Der Generator ist eigentlich nichts anderes als eine „Elek-
tronenschleuder", die von einer Kraftmaschine angetrieben
werden muß; denn auch das Elektron besitzt eine Masse, zu
deren Beschleunigung eine Kraft notwendig ist, die als kinetische Energie dem Elektron vermittelt wird, und die es kine-
tisch wieder abgibt.

Beim Kohledampfkraftwerk wird energetisch gesehen
Kohlenstaub und Kohle nicht verbraucht, sondern nur in
Kohlenoxide umgewandelt. Nachdem der Einzelenergie-In-
halt der Kohle und des Sauerstoffes größer ist als der des ent-

standenen Oxides, wird Energie frei, die als Wärme auftritt und das Wasser zu Dampf erhitzt. Es ist ein Naturgesetz, daß immer ein Zustand angestrebt wird, in dem die geringste Energie nötig ist, um das „Gebilde" zu erhalten.

Das gleiche gilt für die Nutzung der Kernenergie. Bei der Spaltung des Uranatoms gehen keine Atombestandteile verloren, wenn ein langsames Neutron es in zwei Teile trennt. Diese beiden Teile haben zwar nicht mehr die chemischen Eigenschaften von Uran, aber noch dessen Bestandteile in zwei neuen Elementen. Die Energie, die wir bei der Uranspaltung als Wärme bekommen, rührt nur davon her, daß ein so großes Atom wie das Uran-Atom mit seinen 92 elektrisch geladenen Protonen eine größere Bindekraft benötigt als zwei kleinere Atome, von denen z. B. das eine 52 und das andere 40 Protonen besitzt, in denen die elektrischen Abstoßungskräfte geringer sind. Nur die Differenz der Bindekräfte steht zur Verfügung und ist frei geworden. Sie setzt sich in Wärme um. Diese Energie ist gemessen an der Massenenergie des Atoms unvorstellbar klein. Aber die Anzahl der Atome in einem Kubikzentimeter ist noch weniger vorstellbar. Erst die Menge der Uran-Umwandlungen bringt die Wärme-Energie, die heute Kernkraftwerke von einer Leistung mit 1 300 000 kW erstehen lassen. Auch hier wird die Energie nicht verbraucht sondern nur umgewandelt. Das ist natürlich ein geringer Trost, wenn dabei Stoffe entstehen, denen wir keine weiteren Energien entnehmen können. Insofern ist das Wort vom Verbrauch der Brennstoffe letzten Endes doch richtig.

Wir ersparen uns eine Inventur der vorhandenen fossilen Energievorkommen und das Nachrechnen der Ergiebigkeit des Urans, denn unsere Erde wird immer fieberhafter ausgeplündert werden, so daß jede Vorausberechnung zuschanden wird. Keiner der bekannten und so häufig beschworenen Vernunftsgründe wird den Menschen vom Raubbau zurückhalten. Die rapid steigende Bevölkerungszahl und die gleichzeitige Erkenntnis des baldigen Versiegens der zur Energiegewinnung geeigneten Naturschätze erzeugen zwangsläufig eine Torschlußpanik. Unabhängig davon, wie viele Lager von Öl, Gas oder Uran noch entdeckt werden, wird der Zuwachs von der Bedarfssteigerung aufgezehrt werden.

Wie sich das Auslaufen der jetzigen Energieträger, auf denen zur Zeit unser gesamter Wohlstand beruht, auswirken wird, das läßt sich vorausschauend wie folgt beschreiben: Zunächst werden einmal die Preise für Öl, Gas und Uran immer steiler ansteigen. Wir befinden uns bereits am Anfang dieses Stadiums. Eines Tages wird der Preis einen kritischen Wert erreicht haben, der eine sorgsame Einteilung beziehungsweise eine allgemeine Rationierung notwendig machen wird, bis es nichts mehr zu verteilen gibt. Das aber wird schon in der ersten Hälfte des einundzwanzigsten Jahrhunderts eintreffen. Auch die zur Zeit noch als „beruhigend groß" bezeichneten Kohlevorkommen werden mit Bestimmtheit rasch schrumpfen, sobald die Probleme der Vergasung und Verflüssigung von Kohle wirtschaftlich gelöst sind.

Dann werden wir ohne Besinnen nach der heute noch als zweitrangig empfundenen Sonnenenergie greifen, die jetzt schon in zunehmendem Maß als Zusatzenergie zur Diskussion steht.

Lediglich die Energien, die uns die Sonne laufend schenkt und die wir in andere Energieform umsetzen, dürfen wir ohne Reue „verbrauchen". Das aber sind, abgesehen von der direkten Nutzung des Sonnenlichtes, die Wasser- und die Windkraftenergie.

Nur die Wasserkraft und die Windkraft werden laufend neu aufgefüllt, die Wasserkraft über den Kreislauf: Verdunstung – Regen – Fließgefälle – Leistungsabgabe – Abfluß zu den Meeren – Verdunstung. Sie ist eine saubere, umweltfreundliche, grundsolide Energie, jedoch nicht ausreichend für die zu vielen Menschen und teilweise gerade am falschen Platz verfügbar.

Die Windenergie, ebenfalls von der Sonnenwärme ununterbrochen aufrechterhalten, ist theoretisch ausreichend, aber nicht in dem Maß ausbaufähig, wie der Energiebedarf es erfordert. Und leider völlig „unzuverlässig", ähnlich dem Sonnenlicht.

Diese drei Energieformen werden aber zu irgend einer Zeit in Jahrhunderten das einzige Energieangebot sein, auch wenn wir uns gegen diese Erkenntnis wehren möchten. Nicht die Phantasie, aber der Geist wird irgendwann hart an seine Grenzen stoßen. Wenn die Menschen den fossilen Energiereichtum bis zum letzten Öltröpfchen, Brikett und Uranblendestückchen im gegenseitigen Wettbewerb ausgeschlachtet haben, dann werden sich die Machtverhältnisse auf der Erde verschieben; denn der Besitz von Energie wird der Macht gleichzusetzen sein. Und es gibt keinen Anlaß, daran zu glauben, daß der Mensch einmal nicht mehr in Machtkategorien denken wird.

Daß auf einem „ausgeplünderten Planeten" nicht mehr der Konsum der Maßstab für den Lebensstandard sein kann, sollten wir so bald wie möglich zur Kenntnis nehmen.

Die Opfer, die für eine Ausbeutung der Bodenschätze etwa von Mond, Mars oder Merkur gebracht werden müßten, wären so unvorstellbar hoch, daß wir mit dieser Möglichkeit einstweilen nicht rechnen können.

Wir dürfen noch in einer Zwischenzeit leben, die den Energieverbrauch noch steigern kann, aber doch schon zu begreifen beginnt, daß wir Überlegungen anstellen müssen, wie es energetisch einst weitergehen soll. Es wird gut sein, wenn wir frühzeitig erkennen, daß keines der so hektischen und phantasiereichen Projekte unserer Tage in der Lage sein wird, unsere derzeitigen Vorstellungen von einem „normalen" Energieverbrauch zu befriedigen. Nicht die Sonnenwärme, nicht die Erdwärme, nicht die Wasserkraft und auch nicht der Wind. Aber alle zusammen könnten verhindern, daß bei vernünftiger Bevölkerungszahl der Mensch in vormittelalterliche Verhältnisse zurückfallen muß.

Das vorliegende Buch beschäftigt sich ausschließlich mit der Windenergie, die, neben der Wasserkraft und der Sonneneinstrahlung, eine so große Energiemenge auf unserer Erde darbietet, daß sie theoretisch, auch bei dichter Besiedelung, alle Ansprüche zu erfüllen in der Lage wäre. Aber man kann natürlich nicht ein Windkraftwerk neben das andere stellen, selbst wenn die Materialfrage lösbar wäre. Aus ökologischen Gründen wird man nur Bruchteile eines Prozentes nutzen können. Wie schon angedeutet, sprechen auch ökonomische Überlegungen dagegen, da durch die spezifisch geringe Leistung des Windes der Materialaufwand für den Turm und das Windrad recht erheblich ist. Wenn auch der Wind selbst nichts kostet, so ist seine Umwandlung in mechanische Arbeit oder

14

elektrischen Strom nicht gerade billig, gemessen an den heutigen Preisen für Öl und Kohle. Außerdem läßt die Stetigkeit des Windes sehr zu wünschen übrig, so daß die Betriebszeiten von Windkraftwerken weit unter denen anderer Kraftwerke liegen, solange die Energiespeicherung nur auf wenig rentable Weise möglich ist.

Und doch reichte der Wind über Jahrtausende aus, den dringendsten Bedarf des Menschen zu decken. Und er tut dies zum Teil auch heute noch auf dem Land, zum Beispiel in Portugal, wo in manchen Gegenden jedes Haus im Dorf sein eigenes Windrad für das Pumpwerk der Trinkwasserversorgung besitzt.

Man fragt sich unwillkürlich, ob das Bild zukünftiger menschlicher Siedlungen vielleicht so aussieht. Die Windkraft ist vorerst ein Hilfsmittel des kleinen Mannes. Aber sie ist auch zu mehr fähig, und sie wird trotz ihrer nicht abzuleugnenden Problematik in nicht allzuferner Zukunft im kleinen wie im größeren Maßstab zur Deckung der auf uns zukommenden Energielücken immer mehr herangezogen werden.

So erwog zum Beispiel der Staat Israel nach einer Veröffentlichung im Januar 1975 den Bau von Windkraftwerken zur Stromerzeugung. Länder mit reicheren Energievorkommen werden folgen, auch wenn wir heute noch auf diese etwas launenhafte Windenergie leicht geringschätzig herabsehen. Wir werden sie dennoch brauchen. Und dann sollte uns die Kenntnis der reichen Geschichte des Windrades, der neuen wissenschaftlichen Grundlagen der Aerodynamik und der Technologien der modernen Zeit in die Lage versetzen, rasch die Energienot wenigstens zu lindern.

Wir müssen uns einfach wieder mit dem Windrad befassen und befreunden, auch wenn es keinen vollen Ersatz für die fossile Energie anbieten kann. Es kann immerhin mehr, als es unsere verwöhnten Ansprüche dem Wind zugestehen wollen. Wir werden in absehbarer Zeit garnicht gefragt werden, ob uns die mindere Qualität der Windkraft voll zufriedenstellen kann. Sie wurde über Jahrtausende hin als Reichtum empfunden, und sie wird uns zunächst als Zusatzenergie helfen, Brennstoffe zu sparen; denn kleinere Windkraftanlagen sind heute schon auf manchen Anwendungsgebieten konkurrenzfähig.

Der Wind als Energieträger

Der Wind ist eine Sekundärenergie der Sonneneinstrahlung. Ohne Sonne gäbe es keinen Wind. Wir machen uns kaum noch Gedanken darüber, warum der Wind bei stetiger Sonnenwärme nicht gleichmäßig fließt. Die Griechen, die großen Denker des Abendlandes, taten es auf ihre Weise.

Dem Gott der Winde Äolos, zugleich König auf einer vulkanischen, äolischen Insel standen göttliche Helfer zur Seite, die oft nach eigenen Vorstellungen handelten, so Typhon, der Herr der Stürme, und die geflügelten Harpyien, die schneller als der Wind waren und außerdem von schillerndem Charakter. Sie waren verwandt mit dem Sonnengott Helios und Schwestern der Iris mit dem Regenbogen, ein Zwitterding zwischen Jungfrau und Raubvogel, ein Spiegelbild der unsteten Winde, die mit den Argonauten ihr grausames Spiel trieben.

Die griechische Mythologie überrascht immer wieder durch ihre tiefsinnige Genealogie alles Geschehens. Sie erfaßt in philosophischer Weisheit die Zusammenhänge der Natur; denn die Sonne ist es, die die Winde schafft. Sie erwärmt Land und Meere, je nach den Breitengraden mehr oder weniger. Die Temperaturunterschiede haben ihre Auswirkung auf die Luftbewegungen.

Das Gasgemisch **Luft** besteht wie jedes Gas aus Materie,

und zwar aus 78 % Stickstoff, 21 % Sauerstoff, 0,9 % Edelgasen und Helium, 0,03 % Kohlendioxid und aus Wasser in gasförmigem Zustand, − wobei sich in jedem Kubikzentimeter etwa 26,9 Trillionen (10^{18}) Moleküle befinden. Die Luft dehnt sich bei jedem Grad Erwärmung um den 273. Teil ihres Volumens (bei 0 $^\circ$C) aus. So enthält die erwärmte Luft weniger Moleküle, sie wird leichter und steigt in die Höhe, was Montgolfier 1783 mit seinem Warmluftballon sehr anschaulich demonstrierte. Bei Abkühlung der Luft verdichten sich die Moleküle, die Luft wird schwerer und sinkt, wobei sie einen gewissen Druck erzeugt, der das Einfließen der Luft in die Nachbargebiete in der Form des Windes bewirkt. Auf diese Weise entstehen je nach der Wärmedifferenz verschieden starke Winde, die durch örtliche Gegebenheiten und die Erddrehung in ihrer Gleichmäßigkeit und Richtung verändert werden. Das flüchtige Gas reagiert auf alle regionalen und örtlichen Störfaktoren sehr empfindlich und unmittelbar, so daß sich seine Strömungen oft in schnellem Wechsel zu Flauten aufheben oder sich zu großen Windstärken addieren. Die modernen Satellitenbilder aus einer Höhe von 1 500 km Höhe führen uns die gewaltigen Strömungen eindrucksvoll vor Augen.

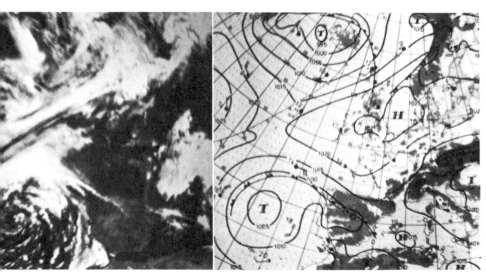

Wetterkarte und Satelliten-Aufnahme über Europa und dem Atlantik (7. 6. 1969)

Dieses unruhige Medium ist der „Ausgangsstoff" für die Windkraftenergie. Die Bewegung der Luftmoleküle mit ihrer Masse, ihrem Gewicht und ihrer kinetischen Energie treibt die Windräder an, oder läßt sie stillstehen, wenn die Luftmoleküle keine bestimmte Strömungsrichtung haben; denn auch wenn kein Wind weht, stehen die Moleküle nicht still. Sie bewegen sich schnell und scheinbar ungeregelt durch thermische und andere Kräfte, üben aber infolge ihrer Ungeregeltheit nach außen keine dynamischen Kräfte aus. In der Windkrafttechnik haben wir es nur mit der allgemeinen „Stromgeschwindigkeit" zu tun. Was die Moleküle im Mikrobereich noch an Zickzackbewegungen ausführen ist nicht von Bedeutung.

Für den Physiker ist der Wind eine Differentialgleichung, die das Fortschreiten eines diskreten Gasvolumens in einer bestimmten Zeit beschreibt.

Für den Windmüller ist er eine unsichtbare Kraft, die seine Mühle antreibt, stehen läßt oder zerstört, eine Kraft, deren Gesetze er kennen muß, wenn er ohne Schaden Nutzen aus ihr ziehen will.

Für den Segler ist der Wind ein Stück Natur, an dem er seine geistigen und körperlichen Kräfte messen kann, der wie kaum bei einem anderen Sport sein Lebensgefühl in vollem Bewußtsein steigert und seine ganze Aufmerksamkeit fordert. Ein Fieren und Dichtholen der Segel und rechtzeitiges Reffen entscheiden über Kentern oder Nichtkentern. Und diese Kenntnisse waren es, die den Gedanken an die Windmühle zum Gelingen verhalfen. Der Seefahrer wußte, welcher unbändigen Kräfte der Wind fähig war und er wußte durch die Segelstellung auch das Verfahren, wie man dem Wind seine Leistung entnehmen kann.

In unserer technischen Zeit aber müssen wir den Energiefluß planen können. Dazu sind die Kenntnisse über sein Vorkommen, seine Eigenarten und seine Gesetze wichtig. Ohne ein genaues Wissen um den Treibstoff läßt sich keine brauchbare Kraftmaschine entwickeln.

Der Wind läßt sich allgemein folgendermaßen definieren: Der Wind ist die ausgleichende Strömung der die Erde umgebenden Lufthülle. Er wird erzeugt durch Luftdruckunterschiede zweier benachbarter Orte der Erdoberfläche, die durch Temperaturunterschiede hervorgerufen werden. Der Wind fließt wegen der Reibung am Boden langsamer als in höheren Luftschichten. Durch die Erdrotation beeinflußt werden die Winde auf der nördlichen Halbkugel nach rechts, auf der südlichen Halbkugel nach links abgelenkt.

Nun könnte man meinen, daß ein so flüchtiges Medium keinen brauchbaren Materie-Fluß zustande bringen kann. Zweihundert Jahre Windmessung zeigen jedoch, daß die jährlichen Windstärken für bestimmte Gegenden nur um wenige Prozent schwanken.

Was die Windrichtung betrifft, so lassen sich die skizzierten großen Windsysteme der Erde unterscheiden. Tiefdruckstörungen sorgen aber häufig genug für regionale Ausnahmen.

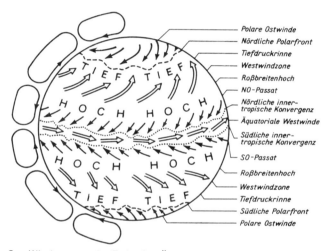

Die großen Windsysteme der Erde. Am Äquator die sogenannte Kalmenzone, eine tropische Tiefdruckrinne mit allgemein aufsteigender Luftbewegung und geringem Wind

Die Meteorologie (griechisch, die Lehre von dem physikalischen Zustand der Atmosphäre) wurde durch die Pfälzer meteorologische Gesellschaft ab 1782 auf Grund ihrer regelmäßigen Beobachtungen ein fester Bestandteil der Naturforschung. Sie wurde dazu durch die Arbeiten von Alexander v. Humboldt angeregt. Doch erst in der ersten Hälfte des 20. Jahrhunderts sind detaillierte Karten über die Windstärkenverteilung, die sogenannten Isoventenkarten entstanden. Eine

Auswertung für Deutschland zeigt die Windstärkengebiets-karte von 1943. Sie macht deutlich, daß in den Küstengebieten, sowie in den Mittelgebirgen und den Alpen ökonomisch verwertbare Winde herrschen. Da jedoch das örtliche Kleinklima ebenfalls von Bedeutung ist, muß bei Windkraftprojekten das regionale meteorologische Institut hinzugezogen werden.

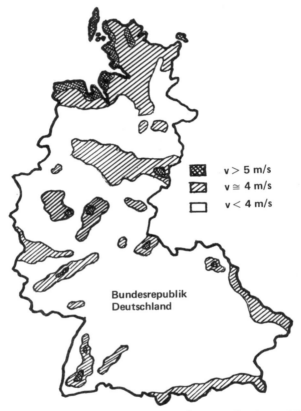

Windgeschwindigkeit („Windgebiete") in der Bundesrepublik Deutschland. Die weißen Flächen bezeichnen Gegenden, in denen die Nutzung der Windenergie nur bedingt als wirtschaftlich gelten kann

Vor der Planung eines Windkraftwerkes ist es wie beim Bau eines Wasserkraftwerkes notwendig, den Verlauf und die Kapazität des zu erschließenden Energieangebotes, einschließlich seines Jahres- und Stundenverlaufes, genau zu kennen.

Nun sind die Windverhältnisse regional sehr verschieden, so daß es keinen Sinn hat, allgemeingültige Aussagen machen zu wollen. Der Erbauer einer Windkraftanlage muß sich vorher über die Strömungsverhältnisse gut informieren. Zum Teil liegen auch schon Veröffentlichungen vor. Eines der ältesten zuverlässigen Bücher stammt von Richard Aßmann („Die Winde in Deutschland", Vieweg Verlag Braunschweig) aus dem Jahre 1910. Die Werte wurden in einer Höhe von 122 m über dem Boden gemessen. Sie sind zwar sehr aufschlußreich, genügen aber nicht als Unterlage für ein spezielles Werk. Die nachfolgende Kurve (gemessen 1910 im Observatorium Lindenberg in 122 m Höhe an einem Ballon) vermittelt jedoch eine anschauliche Vorstellung von dem täglichen Wechsel der Windstärken.

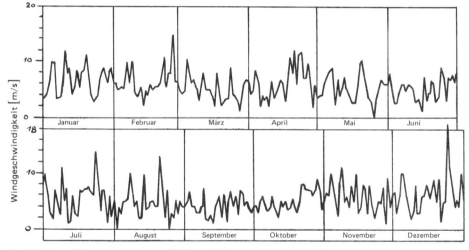

Der jährliche Windgang im Jahre 1910, in 122 m Höhe ermittelt (nach Aßmann)

Eine solche Kurve, die aus der täglichen mittleren Windgeschwindigkeit entstanden ist, wirkt, so wie sie ist, eher verwirrend als klärend für die Festlegung der Windrad-Daten. Das ändert sich jedoch sofort, wenn man alle gleichen Windstärken nach Tagen zusammenfaßt und sie über die 365 Tage aufträgt. Die so entstandene Kurve beschreibt durch ihre Fläche den Arbeitsinhalt sämtlicher Windstärken des Jahres.

Windstärkendauerlinie, aus der Kurve des jährlichen Windgangs (vgl. vorige Seite) zusammengestellt

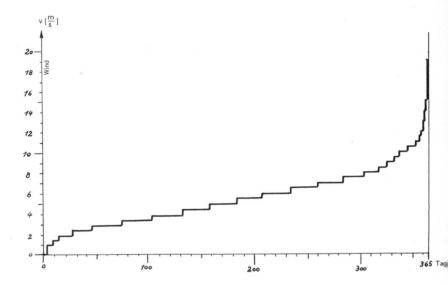

Mit der allgemeinen Windleistungsformel ($N = k \cdot v^3 \cdot F$) kann man über jede Windstärke die zugehörige Leistungskurve zeichnen und erhält damit die Leistungsdauerlinie, die, wenn man die 5 bis 10 Sturmtage am Ende der Kurve außer acht läßt, schon einen recht vernünftigen Anhalt für die Bemessung der Werksleistung ergibt. Die Ausplanimetrierung der Leistungskurve ergibt sogar die Jahresarbeit des Windes in kWh, wenn man ihren Flächeninhalt mit den Maßstäben der Abszisse und der Ordinate multipliziert. In der Formel bedeuten k eine Konstante, v die Windgeschwindigkeit in m/s und F die Windradfläche in m^2.

Um die Eigenschaften des Windes genauer kennen zu lernen, müssen wir kurz die Meßmethoden betrachten. Außer dem Robinsonschen Schalenkreuz, das nach wie vor das gebräuchlichste Anemometer ist, weil es die größte Meßleistung bietet, kann auch die Druckplatten-Messung empfohlen werden. Sie ist zwar etwas ungenau, aber billig und problemlos. Für den Betrieb genügt ja der ungefähre Wert. Das Angebot an anderen Meßgeräten, wie das aerodynamisch-akustische und das thermische System, sowie selbstrechnende elektronische Anlagen füllen schon die Kataloge und sollen uns hier nicht beschäftigen.

Uns geht es hier darum, den Eigenschaften des Windes nachzuspüren. Dabei ist am lehrreichsten die Demonstration mit dem einfachsten Schalenkreuz.

Windmeßgerät mit abgeschirmtem
Schalenkreuz und Zählwerk

Für die Windkraftnutzung interessiert nur der genau waagrecht ankommende Windanteil. Aus diesem Grund schirmt man das Gerät mit zwei horizontalen Scheiben gegen andere Windvektoren ab. Die Achse des Schalenkreuzes treibt hier ein Zählwerk an, wie wir es alle von den in Wohnhäusern installierten Wasseruhren her kennen, die aus Einzelzählern bestehen, wobei jede Uhr um eine Dezimalstelle feiner zählt.

Liest man stündlich alle Uhren des Zählers ab, so erhält man die in einer Stunde vollzogenen Umdrehungen des Schalenkreuzes. Über die Eichdaten und Kennlinien des Meßgerätes weiß man, welche Windstärke einer Umdrehung pro Zeiteinheit zuzuordnen ist und kann so den Arbeitsinhalt des Windes während dieser Stunde bestimmen. Diese stündliche Ablesung des Zählers wird überflüssig, wenn ein Schreibgerät angeschlossen wird. Das Ergebnis ist auch viel instruktiver; denn der Schreiber zeichnet ununterbrochen die sich ständig ändernden Windstärken auf, so daß die zeitliche Verteilung des Leistungsangebotes des Windes festgehalten wird.

Stellt man nun solche Anemometer an einem bestimmten Ort, aber in verschiedener Höhe über dem Erdboden auf, so ergeben sich einige Überraschungen, die allerdings schon aus der Definition des Windes zu erwarten waren.

Unmittelbar am Boden ist die Windgeschwindigkeit unabhängig von der Windstärke immer gleich null. Das verlangt die Grenzschichttheorie. Die Luftmoleküle müssen sich ja erst von der ruhenden Erdoberfläche lösen. Das tun sie zwar um so schneller, je größer die Windstärke ist, aber auch bei Sturm ist die Windgeschwindigkeit unmittelbar am Boden gleich null.

Die ausgezogene und gestrichelte Linie in dem Diagramm über Höheneinfluß, Böigkeit und Phasenverschiebung zeigt dies sehr deutlich. Vor allem die ausgezogene Kurve macht auch klar, daß die Reibungseinflüsse bei einer Höhe von 500 m über dem Boden nur noch ganz gering sind, so daß die Windstärke in noch größeren Höhen nur noch bei Sturm weiter ansteigt. Das aber ist für die Windkrafterzeugung schon unwichtig; denn solche Ausbauhöhen sind wegen des großen Aufwandes für einen geeignet konstruierten hohen Turm bereits absurd.

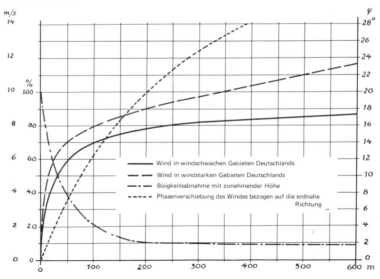

Diagramm: Einfluß der Höhe auf den Verlauf der Windstärke; Böigkeit und Phasenverschiebung auf Grund der Corioliskräfte (nach Aßmann)

Wichtig und vorteilhaft ist allerdings die Tatsache, daß die Windstärkenzunahme bis zu etwa 200 m über dem Boden sehr erheblich ist. Wie wir aus der Leistungsformel sehen, ergibt eine doppelte Windstärke eine achtfache Leistung.

Wenn innerhalb dieses Höhenbereiches Meßgeräte fehlen, kann man die Windstärke für eine fragliche Höhe auch rechnerisch ermitteln, da die Geschwindigkeitszunahme mit der Höhe ziemlich gesetzmäßig verläuft.

Betrachtet man den Schreibstreifen des Anemometers genauer, so fallen viele kurzzeitige Spitzen nach oben und unten auf. Das ist nur die Bestätigung unserer täglichen Beobachtungen, daß immer wieder Windstöße auftreten, die ebenso schnell wieder abebben. Diese Böigkeit des Windes hängt zum Teil mit der Turbulenz der Luft in Erdnähe, durch Bäume und Häuser verursacht, zusammen, wobei die Windstöße natürlich auch mit Richtungsänderungen verbunden sind. Böen werden aber auch von herabfließender Kaltluft oder bei Gewittern und Niederschlägen verursacht. Meteorologisch spricht man von böigem Wind, wenn er seine Geschwindigkeit in einer Meßhöhe von 10 m über dem Boden um mehr als 8 m pro Sekunde ändert. Eine solche Schwankung ist für Windräder schon ziemlich unzuträglich, weil sie bereits enorme Leistungsspitzen und -abfälle zur Folge hat, wenn sie auch nur mehrere Sekunden anhält.

Um die Schwankungszeiten genauer zu erfahren, brauchen wir nur die Papiergeschwindigkeit des Schreibers zu erhöhen, bis sich jede Böe einzeln als gut ablesbare Schwingung darstellt. Das Ergebnis ist nicht gerade ermunternd. An böigen Tagen muß man in einer Höhe von 10 m über dem Boden mit 20 Windschwankungen pro Minute rechnen, deren Fortpflanzungsgeschwindigkeit von der Barometerdruckänderung abhängig ist.

In der Praxis sind sprunghafte Windstärkenänderungen von 0,1 bis 12 Meter pro Sekunde innerhalb einer einzigen Sekunde keine Seltenheit. Mit diesen Böen, die eine gleichmäßige Leistungsabgabe empfindlich stören, muß man sich zum Teil wenigstens abfinden, zum Teil kann man sich auch durch eine Schnellregelung, die von einer Vormeßstelle gesteuert werden muß, mindern. Etwas glättend wirken auch die Trägheitsmassen der Windturbine und des Generators. Der Leistungsverlauf kann mit dem einer Wasser-, Dampf- oder Gasturbine in keiner Weise konkurrieren und wird bis zu einem gewissen Grad ein ernst zu nehmendes Hindernis für den Großeinsatz der Windenergie bleiben.

Während der zwei Minuten der Böenaufschreibung betrug die mittlere Windgeschwindigkeit 13 m/s, sie schwankte aber von 4 m/s bis zu 24 m/s. Es sind Böen dabei, die so steil ansteigen, daß der Wind innerhalb von zwei Sekunden von 13,5 auf 24 m/s hochjagt. Hier deuten sich technische und wirtschaftliche Probleme an, die man nicht unbeachtet lassen kann. Bei Kleinwindkraftanlagen mit Akkumulatoren sind sie leicht zu meistern, bei Großanlagen bereiten sie Kummer.

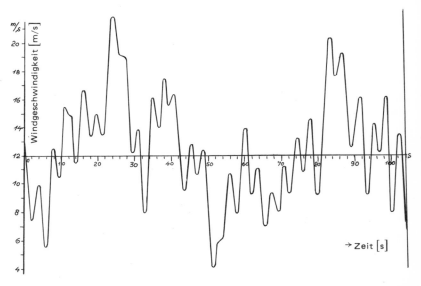

Böenverlauf nach der Aufzeichnung eines Windstärkenschreibers, jedoch mit zeichnerisch erhöhter Papiervorlauf-Geschwindigkeit dargestellt. Messung der Wetterstation Hohenpeißenberg (Oberbayern), 8. 6. 1947, abgelesen um 3.17 Uhr

Das mit der Fortpflanzungsgeschwindigkeit der Böen und der Steilheit ihres Anstieges klingt etwas theoretisch und ungenau; denn jede Böe ist anders als die vorhergehende. Die theoretische Physik würde sagen, daß es keine zwei völlig gleiche Böen geben kann, und vermutlich hat sie recht damit. Für die Praxis ist es ein allgemeines Regelproblem. Sie muß verarbeiten, was kommt.

26

Betrachten wir nun die strichpunktierte Kurve des vorhergehenden Diagrammes. Die Windstärkenmessungen in verschiedenen Höhen ergaben, daß die Böigkeit mit der Höhe über dem Boden stark abnimmt. In 100 m Höhe ist die Böenanzahl nur noch der fünfte Teil gegenüber der Bodennähe, und in 200 m nur noch der zehnte Teil. Die Verhältnisse bei einem Großwindkraftwerk sind doch nicht so katastrophal, wie es die bisherigen Versuchskraftwerke in geringer Bauhöhe ergeben haben. Doch das ist nur ein gradueller Unterschied, der aber nicht verschwiegen werden soll. Es gibt also auch Pluspunkte für die teuren und großen Bauhöhen. Das ist einmal die Windzunahme mit der Höhe, die eine kubische Leistungserhöhung mit sich bringt, und zum anderen die starke Abnahme der Böigkeit.

Der Wind hat noch einige andere Besonderheiten, die mit dem Robinsonschen Schalenkreuz nicht festzustellen waren. Die Windfahne brachte es an den Tag. Die Windfahne, eine senkrechte, drehbare Fläche, mit einem Gegengewicht auf der anderen Achsseite, um die Lagerverhältnisse zu verbessern, dreht sich bekanntlich genau in die Windrichtung. Bringt man an einem Ort, aber in verschiedener Höhe je eine Windfahne an, so muß man feststellen, daß der Wind keineswegs in jeder Höhe die gleiche Richtung hat. Das hängt vor allem mit der Erddrehung und wieder mit der Erdreibung zusammen. Durch die Erddrehung erleiden alle Körper — auch die Luft ist ein Körper, wenn auch in gasförmigem Zustand — auf der nördlichen Halbkugel eine Rechtsablenkung und auf der südlichen Halbkugel eine Linksabweichung. Alle von der Erddrehung mitgenommenen Körper unterliegen einer Massenträgheit, die sich beim Wind mit dem Abstand von der Erde immer mehr durch die allgemeine Windrichtung beeinflussen läßt. Diese durch die Erdrotation bedingte Ablenkungskraft heißt Corioliskraft, benannt nach dem französischen Mathematiker Coriolis.

Wie diese Kraft sich als sogenannte Phasenverschiebung, womit die Richtungsänderung zwischen zwei Höhen in trigonometrischen Graden gemeint ist, auswirkt, zeigt die gepunktete Linie des Diagramms. Diese Kurve trifft natürlich nur für eine bestimmte Windstärke als mittlerer Wert zu und gibt nur die Phasenverschiebungen an, mit denen man rechnen muß. Das Mittel der Messungen von Aßmann hat ergeben, daß die Windabweichung in 50 m Höhe (gegenüber der bei 10 m) 8° beträgt, bei 100 m schon 12°, bei 200 m ganze 20°. Aus dieser Kurve kann man genauso die Phasenverschiebung zwischen 100 m und 300 m zu 13° entnehmen. Die Werte sind allerdings nicht viel mehr als ein Hinweis darauf, daß es dieses Phänomen gibt. Etwas mehr sagt schon die Statistik darüber aus, an wieviel Tagen im Jahr eine bestimmte Phasenverschiebung auftritt. So stellte Aßmann zwischen zwei Meßpunkten, und zwar zwischen 122 m und 500 m Höhe Phasenverschiebungen in folgendem Ausmaß fest: an 80 Tagen 25°, an zwanzig Tagen 60° und an wenigen Tagen im Jahr sogar 150°. Diese breite Streuung der Werte wird verständlich, wenn man bedenkt, daß ein Wind, der in Richtung der Erdrotation weht, keiner Corioliskraft ausgesetzt ist und daß ein schwacher Wind von der Erddrehung mehr beeinflußt wird als ein Sturm.

Wie stark diese Trägheitskraft tatsächlich ist, kann jeder feststellen, wenn er ein Bahngeleis, das in Nord-Südrichtung verläuft, untersucht. Man kann mit bloßem Auge feststellen, daß bei uns in Europa durch die Rechtsabweichung infolge der Erdrotation die linken Geleiskanten stärker abgenutzt sind als die rechten. Die Erde mit ihrem Umfang von 40 000 km und ihrer Umdrehung innerhalb 24 Stunden hat am Äquator eine Umfangsgeschwindigkeit von 1 660 Kilometer pro Stunde. Das ist eine Überschallgeschwindigkeit von 1,6 Mach, von der wir nur nichts merken, weil die Lufthülle der Erde mitrotiert.

Den Windrad- oder Mühlenbauer brauchen diese Effekte nicht zu interessieren. Bei Großwindrädern mit ihren anströmungsempfindlichen Flügelprofilen sind Anströmungsfehler von 5 oder 10° schon beachtliche Störfaktoren, denen er mit konstruktiven Überlegungen, wie zum Beispiel durch Einzelregelung der Flügel begegnen muß. Er wird die Flügel während eines Umlaufes in der oberen Radhälfte in einen anderen Winkel fahren als auf der unteren Kreisbahn. Aber selbst diese Maßnahmen können noch unzureichend sein. Bei großen Schnelläufern muß eventuell eine Flügelunterteilung mit Regelung jedes Einzelteilflügels vorgenommen werden.

28

Doch kehren wir zum Wind zurück, auf den die Harpyien ihren schillernden Charakter übertragen haben. Jeder Binnensegler weiß ziemlich genau die Tageszeiten der guten Winde, der Flauten und der Windrichtungsänderungen. Das besagt nicht mehr und nicht weniger, als daß auch die örtlichen Gegebenheiten und das Kleinklima ihre Auswirkungen auf den Wind haben.

Bisher wurde viel von Windstärken geschrieben, wie über abstrakte Zahlen, die uns im täglichen Leben nicht viel sagen.

Der englische Admiral Beaufort hat im Jahr 1806 seine berühmte Windstärkeskala aufgestellt, in der er eine Beziehung zwischen der Windstärkenzahl und der Windgeschwindigkeit herstellte. Sie hatte ursprünglich nur 12 Ziffern.

Die Windstärkenbezeichnungen von 1 bis 17 sind nur für den Seefahrer, Flieger, Meteorologen und wenige andere eine ge-

Windstärkenskala nach Beaufort

Windstärke	Geschwindigkeit m/s	Auswirkungen
0	Windstille (bis 0,2)	—
1	0,3 bis 1,5	Nur am Rauch erkennbar
2	1,6 bis 3,3	Blätter bewegen sich
3	3,4 bis 5,4	dünne Zweige bewegen sich
4	5,5 bis 7,9	dünne Äste bewegen sich
5	8,0 bis 10,7	kleine Bäume bewegen sich, Staub
6	10,8 bis 13,8	Pfeifen an Drähten
7	13,9 bis 17,1	Hemmung beim Gehen
8	17,2 bis 20,7	Zweige brechen, stürmisch
9	20,8 bis 24,4	kleine Schäden an Dächern
10	24,5 bis 28,4	entwurzelte Bäume, mittlere Schäden
11	28,5 bis 32,6	schwere Sturmschäden
12	32,7 bis 36,9	An Land äußerst selten, schwerste Schäden
13	37,0 bis 41,0	
14	41,1 bis 46,0	
15	46,1 bis 50,9	Nur auf dem Meer und an Küsten;
16	51,0 bis 56,0	zerstört Städte
17	über 56,0	

läufige Kurzform. In der Technik zieht man reale Zahlen vor, mit denen sich rechnen läßt, also Angaben im Zentimeter-Gramm-System.

Die Skala zeigt uns sehr deutlich, wie sehr die Leistung des Windes mit seiner Geschwindigkeit zunimmt. Bei 5 m/s bewegen sich nur dünne Äste, während bei mehr als 20 m/s bereits Schäden an Dächern auftreten. Diese Windstärke wird oft als Ausbauwind für Großwindkraftwerke gewählt.

Regelmäßige, periodische oder für bestimmte Gebiete typische Winde tragen berühmte Namen. Manche sind wegen ihrer Häufigkeit für Windkraftanlagen ideal (Passat, Föhn, Mistral); anderen muß man mit Windrädern unbedingt aus dem Wege gehen. Manch windreiches Gebiet fällt für die Windkraftnutzung dennoch aus, weil es zum Beispiel von Tornados, Taifunen, vom Blizzard oder vom Samum zu oft heimgesucht wird.

James Watt (1736 bis 1819) hatte immer wieder Schwierigkeiten, seinen Kunden klar zu machen, wie viel seine Dampfmaschinen leisteten. Ein Käufer bedrängte ihn besonders hartnäckig mit der Frage, was die Feuermaschine, wie sie damals hieß, wirklich kann. Watt mußte sich etwas einfallen lassen, was auch den Laien überzeugen wird. So kam er auf den Gedanken, ein Pferd einzuspannen, das mit einem Seil über eine Rolle ein Gewicht schnell einen Meter hochreißen sollte. Das Pferd soll es auf 75 Kilogramm in einer Sekunde gebracht haben. Das war eine anschauliche und brauchbare Begriffsbestimmung für eine Leistung. Darunter konnte man sich etwas vorstellen. Wenn ein Mann mit einem Sechsspänner fuhr, so standen ihm eben sechs Pferdestärken (PS) zur Verfügung. Und auch der Techniker hatte jetzt eine Krafteinheit, die er messen und angeben konnte.

So führte sich das PS als die Leistung allgemein ein, die 75 kg in einer Sekunde einen Meter hochheben konnte, also kurz 1 PS = 75 mkg/s.

Mit der Verbreitung der Elektrizität mußte eine neue Beziehung für die Leistung gefunden werden, die besser in die physikalischen Einheiten dieser Energieform paßte. Als Grundgrößen boten sich dafür die elektrische Spannung in Volt (V) und der Strom in Ampere (A) an.

Zu Ehren des verdienten James Watt gab man dieser neuen Leistungseinheit die Bezeichnung Watt (W) und legte nunmehr fest, daß 1 Watt 1 Volt-Ampere (VA) ist. Für den täglichen Gebrauch aber war diese Einheit zu klein. Deshalb benutzt man in der Technik die tausendfache Größe eines Watts, das heute geläufige Kilowatt (kW). Das Wort „kilo" (griechisch) vor irgend einer Einheit bezeichnet immer das tausendfache der Grundeinheit. 1 kW sind somit 1 000 Watt. Nun war nur noch die Umrechnung von PS in kW zu finden. Die Umrechnung ergab

$$1 \text{ PS} = 0,736 \text{ kW}.$$

Die Leistung von 1 kW ist also größer als 1 PS. Der Leistung von 1 kW entsprechen 102 mkg/s. Das heißt, daß man mit der Leistung von 1 kW nicht nur 75 kg sondern 102 kg in 1 Sekunde einen Meter hochheben kann. Als Höhe ist hier immer physikalisch die Richtung entgegen der Erdanziehung (Gravitation) gemeint. Das tritt uns kaum noch ins Bewußtsein, da die Leistungen heute sich mehr in Beschleunigung, Geschwindigkeit, Wärme, Lautstärke usw. bemerkbar machen. Aber auch alle Leistungsangaben zu diesen Erscheinungen entsprechen genau der vergleichbaren Gewichtsanhebung um einen Meter in 1 Sekunde.

Das soll deshalb so klar gestellt werden, weil der Wind ja seine Leistung in horizontaler Strömung beziehungsweise Bewegung abgibt, genau so wie es einst das Pferd von James Watt getan hat.

Nachdem jede Energieform in eine andere umgerechnet werden kann, wird uns sofort klar, daß es völlig unwichtig ist, aus welchem Stoff das hochzuhebende Gewicht besteht. 1 Kilogramm ist ein Kilogramm. Ist das Gewichtsstück aber einmal 1 Meter hochgehoben, so ruht in ihm die Energie von 1 kW, wenn sein Gewicht 102 kg beträgt. Diese „latente" Energie wird als Bewegungsenergie (Kinetische Energie) wieder frei und arbeitsfähig, wenn es den einen Meter wieder herunterfällt.

Bei der Windenergie haben wir es natürlich mit dem Gewicht der Luft zu tun. Das ist sogar wesentlich höher als man gemeinhin annimmt, nachdem wir davon nichts spüren. Die hohe Molekülzahl pro Kubikzentimeter macht aber ein nicht unbeträchtliches Gewicht der Luft verständlich. Mit der heutigen Vakuumtechnik ist es nicht schwierig, das Gewicht der Luft zu bestimmen. Durch das Wiegen eines Behälters mit und ohne Luft bei + 15 °C und einem Normalbarometerstand von 760 mm Quecksilber hat sich ein Gewicht für Luft von

1,22 kg pro Kubikmeter

ergeben.

Zur besseren Vorstellung sind maßstäblich die Raumgrößenverhältnisse gleichgewichtiger Mengen von Gold, Wasser und Luft nebeneinandergestellt, die, wenn sie auf den 1 m hohen Tisch in 1 Sekunde hochgehoben werden sollen, der gleichen Leistung bedürfen, beziehungsweise beim Herabfallen wieder die gleiche Leistung ergeben, indem die in sie beim Hochheben hineingesteckte kinetische Energie wieder frei wird und in andere Energien umgeformt werden kann.

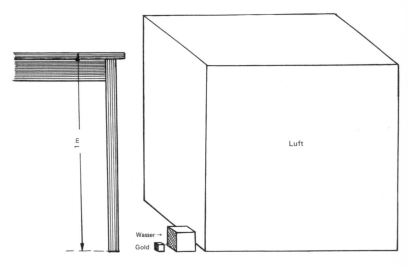

Maßstäbliche Darstellung der Größenverhältnisse zwischen gleichgewichtigen Mengen von Gold, Wasser und Luft

Das spezifische Gewicht für Wasser ist bekanntlich 1. Das heißt, daß 1 Kubikdezimeter (dm³) 1 Kilogramm wiegt. 1 dm³ Luft wiegt 1,22 Gramm. Für die Leistung von 1 kW müssen 102 kg, also 102 Liter Wasser in einer Sekunde einen

Meter hochgehoben werden. Entsprechend dem geringen spezifischen Gewicht der Luft von 0,00122 kg/dm³ müssen aber

$$102 : 0,00122 \cdot 1,02 = 825 \text{ Kubikmeter Luft (m}^3)$$

bewegt werden. In Wirklichkeit sind dazu sogar 1 600 m³ erforderlich, weil der aerodynamische Wirkungsgrad von Windrädern bei etwa 50 % liegt.

Diese 1 600 m³ Luft ergeben sich wohlgemerkt bei einer Fallgeschwindigkeit von 1 m/s. Das ist eine Windstärke, die nach der Beaufortskala nur daran zu erkennen ist, daß der Rauch sich etwas seitwärts bewegt. Wir brauchen also z. B. kein Windrad von 85 m Durchmesser, um 1 kW zu erzeugen, weil wir mit wesentlich höheren Windgeschwindigkeiten arbeiten und die Leistung mit der dritten Potenz der Windgeschwindigkeit steigt. Bei einem Wind von 3 m/s, den man immer noch als Lüftchen bezeichnen kann, ist nur noch der siebenundzwanzigste Teil der Windradfläche erforderlich gegenüber einem Wind von 1 m/s.

Die geringe Dichte der Luft hat zur Folge, daß die Leistung N in kW je Quadratmeter Windradfläche F sehr klein ist. Die Ableitung der Formel kann hier nicht gebracht werden, aber das Ergebnis ist auch in diesem Rahmen interessant. Es lautet:

$$N = 0,000255 \cdot v^3 \cdot F \text{ (kW)}.$$

In der Gleichung ist schon ein Flügelwirkungsgrad von 0,9 eingebaut, sodaß man sie für überschlägige Leistungsberechnungen von Windrädern direkt anwenden kann. Es bedarf nur noch der bekannten Flächenberechnung eines Kreises mit einem bestimmten Durchmesser, um auch diesen ermitteln zu können.

Der Bau größerer Windkraftwerke bedarf maschinenbaulicher Erfahrungen, guter aerodynamischer und physikalischer Grundkenntnisse.

Für die Leistungserzeugung ist es völlig unwesentlich, woher die Geschwindigkeit der zu nutzenden Masse kommt, ob also von dem freien Fall oder, wie beim Wind, durch thermische Ausgleichskräfte der Natur. Damit sind die physikalischen Unterlagen für die Windleistung bereits umrissen.

Der Rest ist nur noch rechnerische Routine, um zu einer quantitativen Aussage über die Windleistung zu kommen. Die Berechnung selbst kann in diesem Buch nicht vorgeführt werden. Sie würde auch nur in Zahlen das ausdrücken, was wir eigentlich schon wissen, nämlich daß das Arbeitsvermögen sich aus dem Gewicht oder Masse und seiner Fallhöhe ergibt, die wir bisher der Einfachheit halber immer nur mit 1 m angenommen hatten. Je größer die Fallhöhe ist, um so mehr Energie wird frei, wobei es nicht gleichgültig ist, auf welchem Planeten die Masse herunterfällt. Die Anziehungskraft auf dem Mond ist bekanntlich nur ein Sechstel der Erdanziehung. Das muß in den Berechnungsformeln durch den für die Erde zutreffenden Beschleunigungsfaktor $g = 9,81$ berücksichtigt werden. Es soll nur noch am Rande bemerkt werden, daß man bei Gasen anschaulicher mit seiner Dichte als mit seiner Masse rechnet.

Jeder hat sicher schon beobachtet, daß die Fallgeschwindigkeit eines Körpers mit seiner Fallhöhe ansteigt, und zwar nicht linear sondern mit dem Quadrat der Fallhöhe, wie schon Galilei in Pisa nachgewiesen hat. Das erklärt auch, warum die Windleistung mit seiner Geschwindigkeit so stark zunimmt.

Es kann nun die Frage aufgeworfen werden, wie der Wind mit seiner geringen Dichte doch Leistungen von mehreren Tausend Kilowatt aufbringen kann. Da muß man sich aber vor Augen halten, daß gerade die geringe Flächenbelastung durch den Wind es ermöglicht, große Einheiten, also große Windräder zu bauen, deren aktive Fläche ja mit dem Quadrat ihrer Durchmesser wächst, so daß die geringe spezifische Leistung des Windes durch große Angriffsflächen wieder aufgewogen werden kann. Ein Wasserrad mit einem Durchmesser von 150 Meter würde unter der Wucht des 830 mal schweren Wassers und oft weit höherer Fallgeschwindigkeiten umgehend zerstört werden.

Der Wind braucht große Turbinendurchmesser. Es ist deshalb besonders wichtig, in den einzelnen Ländern die windstarken Gebiete zu erforschen. In England hat bereits 1948 die British Electrical and Allied Industries Research Association ein Komitee für die Erforschung der Windkrafterzeugung gegründet und die Ergebnisse 1950 auf der Weltkraftkonferenz bekannt gegeben. Als die günstigsten Orte haben sich die Orkney-Inseln herausgestellt. Die langjährige (1926 bis 1940) mittlere Windgeschwindigkeit beträgt dort 11,3 m/s in einer Höhe von 20 m über dem Boden bzw. dem Meer.

In Deutschland ist der Brocken im Harz der windreichste Ort, gefolgt von der Nordseeküste, Süddeutschland hat zwar hohe Windspitzen, muß aber doch mit wenigen Ausnahmen zu den windarmen Gebieten gezählt werden. So lag auf dem Hohenpeißenberg 1946 die mittlere Windgeschwindigkeit bei 4,6 m/s.

In Nordamerika gibt es mehrere besonders windstarke Gebiete. Das günstigste liegt an der Küste von Neuengland, wo der Golfstrom für die entsprechende Windstärke sorgt.

Es gibt heute sehr überzeugende Beweise dafür, daß der Wind in der Lage ist, Arbeiten zu verrichten, die bis vor kurzem noch als Phantasterei abgetan wurden.

In den achtziger Jahren des 19. Jahrhunderts schlug nämlich der französische Ingenieur Girard eine auf Luft gleitende Eisenbahn vor. Heute „schwebt" auf einem Luftpolster ein solcher „Aértrain" mit 500 Stundenkilometer in Frankreich dahin; ein Luftkissenauto wurde vor Jahren in Amerika schon vorgeführt.

Noch effektvoller sind die in großem Abstand über die Wasseroberfläche gleitenden Luftkissenboote, die seit 1968 auf dem Ärmelkanal ihren Fährdienst versehen.

Wenn ein Propeller von einem Motor angetrieben wird, erzeugt er einen Luftdruck, während umgekehrt Windräder von dem natürlichen Luftdruck in Drehung versetzt werden. Die aerodynamischen Gesetze sind für beide Räder die gleichen und werden auch nach denselben Gleichungen berechnet und dimensioniert. Das Wort Propeller hat sich so sehr eingeführt, daß es auch für die modernen Windflügel benutzt wird, die man eigentlich Repeller benennen müßte, – was man manchmal auch tut.

Bei den Luftkissenbooten werden meist zwei Propeller im Schiffsrumpf von starken Motoren angetrieben. Der entstehende Luftdruck wird einer Ringleitung am Boden des Bootes zugeführt, so daß unter dem Schiff zwischen dem Boden und dem Wasser ein Luftpolster von so hohem Druck entsteht, daß das ganze Schiff, je nach der Propellerleistung bis zu 1,5 Meter hochgehoben und in der Schwebe gehalten wird. Zwei weitere, meist gleichstarke Propeller mit horizontaler Achse verleihen dem Schiff eine Geschwindigkeit, die bei den verschiedenen Typen zwischen 50 und 150 Stundenkilometer liegt.

Das englische SRN-2-Luftkissenboot schafft mit zwei Propellern zu je 885 PS (650 kW) eine Schwebehöhe über dem Wasser von 1 Meter und fährt schwebend mit 66 Fahrgästen mit einer Geschwindigkeit von 70 Kilometer in der Stunde, wobei die Fahrgeschwindigkeit durch zwei weitere Propeller der gleichen Stärke erreicht wird.

Nach Veröffentlichungen aus dem Jahr 1974 sind Luftkissenboote mit einem Gewicht von 1 000 Tonnen und einer Reisegeschwindigkeit von 300 Stundenkilometer in Vorbereitung, die auf einem von Propellern erzeugten Luftstrahl sechs Meter über dem Wasser schweben und so auch bei grober See eingesetzt werden können. An der Entwicklung der Luftkissenboote sind hauptsächlich England, Frankreich, die Sowjetunion und die Vereinigten Staaten von Nordamerika beteiligt.

Welcher Leistung der Wind bei entsprechender Geschwindigkeit fähig ist, zeigen auch besonders eindrucksvoll die schweren Lasthubschrauber, die 60 Tonnen Nutzlast tragen und wie ein Kran, frei in der Luft schwebend, zentimetergenau die Last absetzen können. Dabei wird zunächst der Kalorienwert des Kraftstoffes in mechanische Energie, diese in einen Luftstrahl und dieser mit Hilfe des Propellers in eine aerodynamisch-mechanische Kraft umgewandelt.

Diese Beispiele zeigen Ansätze für die Weiterentwicklung der Windkraftnutzung über die Anwendung von Windrädern hinaus. Überraschende Erfindungen, wie sie etwa der Flettner-Rotor darstellte, sind zu erhoffen, sobald sich die Ingenieure unter dem Zwang der Energienot weltweit wieder mit dem Wind als Energieträger befassen.

Windmühlen, Rotoren, Windräder

Windmühlen vor dem 6. Jahrhundert

Die Menschen der älteren Steinzeit, des Paläolithikums, vor etwa 500 000 Jahren, waren Jäger. Die Erde war noch dünn besiedelt, so daß jedem Jäger ein großes Jagdgebiet zur Verfügung stand. Arbeitsteilung gab es nur zwischen Mann und Frau. Der Mann sorgte mehr für Nahrung, die Frau mehr für die Aufzucht der Kinder. Technische Hilfsmittel waren dabei nicht erforderlich.

Mit der Zunahme der Bevölkerung im Mesolithikum (12 000 bis 5 000 v. Chr.) wurden allmählich die Jagdgebiete zu klein. Ein Teil der Menschen verlegte sich auf Fischerei, Tierzucht und Hackbau. Zunächst genügte dabei noch die Kraft der Hände, um den Lebensunterhalt sicherzustellen.

Gegen Ende jener mittleren Steinzeit vertrieb den Menschen seine Fruchtbarkeit aus dem Paradies. Er sollte nun im Schweiße seines Angesichts sein Brot essen. Und der Schweiß nahm mit der Bevölkerungsdichte unerträglich zu, während die tierische Nahrung stark abnahm. Denn man handelte nach dem Gebot: „Alles, was sich regt und lebt, sei Eure Speise!"

So stemmte der Mensch sich selbst in das Joch und schöpfte Wasser auf die kargen Äcker. Er schuf die ersten Göpel. Doch wenn er das Pumpwerk zu treten aufhörte, mußte seine Familie hungern. So sah er sich nach Hilfsmitteln um, die sein Los erleichtern konnten. Wahrscheinlich ist es die Windkraft gewesen, die ihm als erste Energie half. Sie war ja überall vorhanden und leistete, gemessen an der geringen menschlichen Kraft, überraschend viel.

Ein paar Holzstangen und einige zusammengenähte Felle übernahmen die Fron. Die Unstetigkeit des Windes war unerheblich. Er förderte mehr Wasser hoch, als es der Mensch auch bei größter Plage vermochte.

Die Geschichte der Windräder ist die Geschichte der Mühlen und der Schöpfwerke. Wohl in allen Ländern, die das Rad kennen, sind auch Windräder verwendet worden. In ihren Formen spiegeln sich die Lebensverhältnisse und Kulturen der Völker sichtbar wieder.

So haben Seefahrernationen andere Formen gefunden als Binnenländer, und Asiaten andere als Europäer. Schließlich hat die Renaissance völlig neue Formen angeregt und unsere technisch-wissenschaftliche Zeit optimale Konstruktionen entwickelt.

Wie fast bei allen Dingen, die Jahrtausende alt sind, kann die Frage nach dem ältesten Exemplar nicht beantwortet werden. Man kann nur nach der ältesten Überlieferung fahnden und versuchen, aus der Art der Beschreibung herauszufinden, ob es sich um etwas Neues oder etwas damals bereits Bekanntes handelte.

Die Tatsache, daß in einem Land überhaupt keine Überlieferungen vorliegen, sagt nichts über mögliche Vorkommen aus. Es kann einfach zu lange her sein wie bei den Sumerern, deren Hochkultur die ägyptische Kultur befruchtete. Die Ägypter jedenfalls kannten Windmühlen und gaben vermutlich ihr Wissen darüber an Kreta und Griechenland weiter. Es kann aber auch genauso angenommen werden, daß die Windmühlen an verschiedenen Orten unabhängig voneinander erfunden wurden. Die historische Reihenfolge muß keine historische Abhängigkeit andeuten. Nicht alle Überlieferungen haben sich bei genauer Prüfung bestätigt. Aber meist steckte ein wahrer Kern in ihnen. Das kann auch für die älteste, bisher bekannte Nachricht zutreffen.

König Hammurabi von Babylon (1793 bis 1750 v. Chr.) erließ eine Gesetzessammlung, in der ein Paragraph folgenden

Wortlaut hatte: „Wer einen Schöpfeimer,. . . . ein Wasserrad vom Feld stiehlt, wird bestraft. . . .".

Nach Flettner und Feldhaus (Kulturgeschichte der Technik 1928) sollen die Wasserräder von Windrädern angetrieben worden sein. Mit dieser Vermutung, die nicht auf einer lükkenlosen Überlieferung, sondern nur auf einige Indizien aufgebaut ist, ist das Windrad über 4000 Jahre zurückzuverfolgen.

Wenn man bedenkt, daß die Blütezeit der babylonischen Kultur um diese Zeit schon ein halbes Jahrtausend zurücklag, so könnte man das Alter des Windrades auf etwa viereinhalbtausend Jahre datieren.

Anders ist es mit den ältesten bekannten Windmühlen, deren Unterbauten heute noch in Alexandria erhalten sind. Das Bild zeigt, wie man sich heute ihren Aufbau vorstellt. Es ist allerdings kaum anzunehmen, daß vor dreitausend Jahren die Flügel schon eine solche Form hatten. Vermutlich waren sie damals mit Dreiecksegeln ausgerüstet und sahen den vielen Windmühlen ähnlich, wie sie heute noch überall im Mittelmeerraum stehen. Aber der solide, einheitliche Steinunterbau, der 3000 Jahre alt sein soll, läßt auf einige Erfahrungen schließen.

Alte Windmühlen bei Alexandria, etwa 3000 Jahre alt

Die Windräder selbst waren nicht in den Wind drehbar, was bei der dort stetigen Windrichtung auch kaum nötig war. Außerdem konnte die Windradwelle mit einigem Aufwand in eine andere Aussparung des Turmes gesteckt werden. Oder man baute, wie auf Mallorca, eine ganze Reihe von Mühlen nebeneinander, wobei die Windradachsen bei jeder Mühle in einer anderen Himmelsrichtung befestigt wurden, so daß entweder die eine oder die andere Mühle arbeitete.

Die Mühlen bei Alexandria haben sechs bis acht Flügel. Die Drehzahl betrug ungefähr zwanzig Umdrehungen je Minute. Die unterschiedliche Flügelzahl hat ihre Begründung darin, daß ein Windrad um so leichter anläuft, je größer seine Gesamtflügelfläche ist. Mit der Erhöhung der Flügelfläche kann man dadurch die Laufstunden der Mühle im Jahr erhöhen. Andererseits läßt aber mit zunehmender Drehzahl die Leistung einer solchen Mühle schneller nach als bei einem Windrad mit weniger Flügeln, da eine zu dichte Belegung der Windradfläche den allzuflüchtigen Wind staut, so daß er auszuweichen beginnt. Je nach Lage oder Wind war also einmal die eine und dann wieder die andere Windmühle besser. Man versuchte also hier schon, eine einigermaßen gleichmäßige Leistung zu erzielen, indem man eine Reihe von verschiedenen Werken mit unterschiedlicher Flügelzahl und Windrichtung erstellte. Diese Methode erscheint uns heute nicht sehr wirtschaftlich, entsprach aber dem damaligen Kenntnisstand.

Es war zu dieser Zeit wohl nur eine unbeabsichtigte Nebenwirkung, daß die Windmühlen die Fellachen von einer stumpfsinnigen Tretarbeit befreiten, wie sie auch in Europa bis in die Neuzeit hinein üblich war. Der deutsche Arzt Georg Bauer, der sich der Zeit entsprechend Georgius Agricola (1494 bis 1555) nannte, hat sie in seinem Lehrbuch über den Bergbau und das Hüttenwesen „De Re Metallica Libri XII" vor Augen geführt. Agricola stellt in seinem Holzschnitt der erschütternden, qualvollen Muskelarbeit eine Windmühle im Hintergrund als Verheißung gegenüber.

Für die Geschichte der Technik ist bei seinem Holzschnitt auffallend, daß sich seine Windmühle, die er sicher aus einem Vorbild seiner näheren Heimat, des Erzgebirges, entlehnte, nicht wesentlich von den Mühlen bei Alexandria unterschied, obwohl in Deutschland die Mühlen am Nil sicher nicht be-

Göpel und Windmühle
im Bergbau, Holz-
schnitt von Agricola

kannt waren. Das ist ein gutes Beispiel dafür, daß sich jeder Gebrauchsgegenstand im Laufe von Jahrhunderten zu einer Norm hinentwickelt, bei der nur noch das Wesentliche im richtigen Maßstab vorhanden ist, soweit die gleichen Grundstoffe zur Verfügung stehen.

Man tut gut daran, das Bild Agricolas zu studieren. Vielleicht begreifen wir dann einmal bewußt, welch nahezu paradiesischen Zustand wir Angehörige eines hochentwickelten Industriestaates erleben dürfen und was wir der Technik zu verdanken haben.

Wenn die Technik irgendwo einen Schaden anrichtet, ist immer nur der Mensch daran schuld.

Früher mußte auch die schwerste Arbeit mit Muskelkraft verrichtet werden. Die aufkommenden Göpel waren keine

41

Erleichterung der Arbeit an sich. Sie ermöglichten vielmehr eine höhere und gleichmäßigere Arbeitsleistung, wobei die Kraftanstrengung verlagert wurde. Man konnte so zwar mehr Wasser fördern, als wenn man es mit einem Eimer aus dem Brunnen hochzog, aber man näherte sich schnell den Leistungsgrenzen des Menschen. Eine qualvolle Überforderung war die Folge. „Himmel, welche arme Sklaven!" entfuhr es dem römischen Schriftsteller Lucius Apulejus um 125 n. Chr. beim Anblick der Menschen, die im Göpel fronten. So brachte die Windkraft wahren Segen.

Im Mittelmeerraum, vor allem auf abgelegenen Inseln, wo es kaum Sklaven gab, arbeiteten zu dieser Zeit schon jene Windmühlen, die in der Ausrüstung dem ursprünglichen Typ der Mühlen bei Alexandria sehr ähnlich waren.

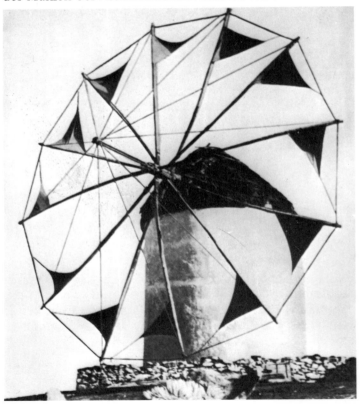

Griechische Windmühle. Alter auf etwa 2000 Jahre geschätzt

Es wird immer wieder die These geäußert, daß die ersten Windmühlen aus dem Nahen Osten, vermutlich aus Persien stammen. Diese Annahme ist zwar nicht durch Funde belegt, aber ebensowenig abzulehnen, da die ersten Windmühlen sicher aus Holz hergestellt waren und über die vielen Jahrhunderte natürlich keine Überreste hinterließen. Die älteste persische Mühle kann aber auch so ausgesehen haben, wie die abgebildete, deren Original heute noch 300 km östlich von Teheran in Betrieb ist.

Persische Windmühle
östlich von Teheran
(Modell im internationalen
Mühlenmuseum in
Suhlendorf)

Alles an dieser Mühle ist aus Holz und Gewebe. An dem Beispiel ist leicht vorstellbar: Wird sie aus irgend einem Grund stillgelegt, so verfällt sie, alles Brauchbare wird entnommen, der Rest wird irgendwann eingeebnet, überbaut und vergessen.

Anders ist das bei festen Steingebäuden, die so massiv gebaut sind wie die griechischen Mühlen, die auch nach ihrer Nutzung noch als Wohnraum, Remise oder Lager einen erheblichen Wert darstellen, bis durch kriegerische Einflüsse, Epidemien oder Abwanderungen der endgültige Verfall beginnt, und oft nur noch Reste der Grundmauern erhalten bleiben.

43

Besonders auf den ägäischen Inseln stehen noch viele griechische Windmühlen, deren Alter man auf zweitausend Jahre schätzen kann. Die Segel wurden im Laufe der Jahrhunderte immer wieder auf die gleiche Weise ersetzt. Die seekundigen Griechen wußten, daß sich Segel in ihrer Form der Windströmung selbsttätig anpassen.

Bemerkenswert ist die einfache aber statisch einwandfreie Fixierung der Segel. Man hat lediglich die Achse nach vorn verlängert und von der Spitze mit je einem Tau (Fall) die Rute (Rahe) in der gewünschten Lage belegt. Das beherrschte jeder Matrose.

Die Segel konnten durch das Verdrehen der Rahen mehr oder weniger gerefft werden. Zur Strömungsverbesserung wurde damals schon die Windradachse um zehn bis zwanzig Grad geneigt, so daß die Segel in der unteren Stellung einen größeren Abstand vom Turm erhielten. Man verstand etwas vom Wind!

Um das Jahr 115 n. Chr. schrieb der Grieche Heron von Alexandria seine Bücher über Mechanik, Vermessungskunde und Pneumatik. Infolge seiner pneumatischen Arbeiten erfand er nicht nur den nach ihm benannten Heronsball, den Vorläufer der heutigen Spraydose, sondern er baute unter anderem auch eine Orgel, für deren Luftbedarf er eine Pumpe entwarf, die von einem Windrad angetrieben werden sollte.

Das Windrad unterschied sich von allen früheren dadurch, daß es eine große Anzahl von Flügeln hatte. In einem Neben-

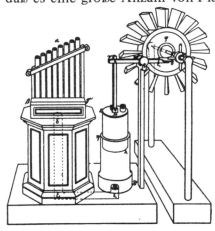

Rekonstruktionszeichnung nach Heron für die Anwendung eines Windrades zum Orgelbetrieb

satz erwähnt Heron jedenfalls das plurale Wort Anemuria, — nicht Anemurion, was Windfahne bedeuten würde. Es muß sich also um mehrere Windblätter gehandelt haben, und die hat nur das Windrad.

Die philologischen Zweifel an der erwähnten Deutung werden damit begründet, daß die Überlieferung nur aus einer arabischen Kopie der Schriften Herons aus dem 16. Jahrhundert stammt. Jedoch: wozu bräuchte man eine Windfahne, wenn nicht für ein Windrad. Es ist kaum anzunehmen, daß der arabische Schreiber eine Windturbine erfunden hat, die es im 16. Jahrhundert noch gar nicht gab.

So deutet alles darauf hin, daß die oft angezweifelte Rekonstruktionszeichnung tatsächlich einen der über siebzig von Heron entworfenen Automaten darstellt, bei denen zum Teil die Gasgesetze der Luft eine bedeutsame Rolle gespielt hatten. Schon Ktesibios arbeitete ja intensiv mit Druckluft.

Was das Windrad in dem vorliegenden Fall so interessant macht, ist die Verwendung einer großen Anzahl von Flügeln, ähnlich wie bei der Amerikanischen Windturbine, die bereits bei schwacher Luftbewegung anläuft und eine gerade für Pumpen brauchbare niedrige Drehzahl hat.

Aus der gleichen Zeit existiert eine Vase (Nummer 3151 im Museo Nazionale in Neapel), auf der ein Mädchen mit einem ähnlichen Windrad als Spielzeug abgebildet ist.

Wenige Jahrhunderte später, etwa 400 n. Chr. könnten bei den Chinesen die ersten Windräder sich gedreht haben. Sicher ist jedenfalls, daß auf alten Münzen der Könige Juetschi um 200 n. Chr. Gebetsmühlen abgebildet waren, die auch in der Mongolei und in Tibet, vielleicht sogar windgetrieben, verwendet wurden. Das Datum der ersten Gebetsmühle mit oder ohne Windantrieb dürfte auf alle Fälle in die Zeit nach etwa 65 n. Chr. fallen, in der der Buddhapriester Hoschang die Buddhareligion in China einführte.

Daß im 5. Jahrhundert in China die Windkraft auch für profane Zwecke des täglichen Bedarfes eingesetzt wurde, ist vorerst eine Vermutung. Rahsegel wie auf dem gezeigten Bild waren damals auf Schiffen schon üblich und haben sich bis heute erhalten. Die Abschließung des Kaiserreiches nach aussen in der Tschin-Dynastie um 300 v. Chr., dann durch den zweiten Wall im 14. Jahrhundert und durch die große Mauer

Chinesisches Windrad; mögliches Alter etwa 1500 Jahre, Standort bei Taku

in der Ming-Dynastie vom 14. bis 16. Jahrhundert hatte zur Folge, daß sich in China wenig veränderte. So sind auch die Windmühlen gleich geblieben. Wenn die Chinesen zur Zeit des Marc Aurel Handel mit Rom getrieben hatten, so deutet doch nichts darauf hin, daß sie die Idee der Windmühle aus dem Mittelmeerraum übernommen haben. Ihre Mühlen tragen echtes chinesisches Kolorit, das von den dortigen Segeln und den Materialien wie Holz, Bast und Bastschnüren geprägt ist. Der erste Bericht darüber stammt aus dem Jahr 1666 von Johann Neuhof.

Mit den Bastsegeln hatte man von den Dschunken her große Erfahrungen. Das abgebildete Windrad wurde zur Salzgewinnung aus dem Meer eingesetzt. Es schöpfte Meerwasser in eine große Mulde, in der das Wasser verdunstete und das Salz zurückließ.

Von geschichtlichem Interesse bei diesem Modell ist, daß uns zum ersten Mal ein Windrad mit senkrechter Achse gegenübertritt, das von der Windrichtung natürlich unabhängig ist. Das wäre ein verlockender Vorteil, wenn er nicht mit einer erheblichen Leistungsminderung bezahlt werden müßte. Die spezifische Leistung dürfte kaum zu unterbieten sein. Die niedrige Bauhöhe in der unmittelbaren Erdwirbelzone, der leistungsarme Luftwiderstand der Bastmatten, die großen gegenläufigen Flächen und die vielen Stangen ergaben vielleicht einen Wirkungsgrad von zehn Prozent. Doch die Einrichtung erfüllte ihre Aufgabe.

Aus der Zeit um 1000 n. Chr. existiert ein chinesischer Holzschnitt des Planes für eine Flugmaschine, bei der als Antriebsorgan ein Windrad mit horizontaler Achse vorgesehen ist. Das läßt die Vermutung zu, daß man in China auch solche Windräder kannte. China ist groß, so daß eine einheitliche technische Entwicklung sicher nicht zu erwarten ist. Man baute mit den Materialien und Erkenntnissen, die an Ort und Stelle gängig waren.

Daraus, daß es mehrere alte Darstellungen der horizontal laufenden, besegelten Windräder gibt, ist zu schließen, daß sie keineswegs selten vorkommen. Einige Exemplare sollen in entlegenen Gegenden sogar noch heute in Betrieb sein.

Aus dem Jahr 1727 ist eine Zeichnung des Chinesen Tschu Chi Cheng vorhanden, die eine steinerne Turmwindmühle mit drehbarem Dach vorstellt, die schon europäischen Ursprungs sein dürfte.

Lange Zeit wurden die Perser für die ersten Windmühlenbauer gehalten. Tatsächlich kommt das Windrad bei ihnen sehr früh vor. Aber es ist bis jetzt noch nicht gelungen, Mühlen vom Alter der genannten alexandrinischen nachzuweisen.

Bei der sehr bewegten Geschichte der Perser ist die Wahrscheinlichkeit groß, daß sie etliche, unterschiedliche Windradtypen anwendeten. Die Überlieferung in Schrift und Bild begann sich in Persien erst mit der neupersischen Sprache zur Zeit des Eindringens des Islams Mitte des 7. Jahrhunderts zu entwickeln. Was man jedoch erfährt, ist sehr aufschlußreich: Der persische Windmühlenbau hatte zu dieser Zeit schon eine gewerbsmäßige Breite. So hatte nach *Paul la Cour* im Jahre 644 der gefangene, persische Windmühlenbauer Firus in Medina den Kalifen Omar I. in der Moschee ermordet, weil dieser von dem Gefangenen täglich zwei Silberstücke von seinem Verdienst forderte. Um das Jahr 700 werden die Windmühlen in Persien schon so häufig erwähnt, daß man allein daraus auf eine lange Tradition rechnen kann.

Der Forscher Quazwini (gestorben im Jahr 1283) behauptete, daß in Segistan ausschließlich mit Windmühlen gemahlen wird. Er schreibt wörtlich: „In Segistan befindet sich eine Gegend, in der die Winde ihr unterworfen sind, wie sie dem Salomo — Friede sei über ihm — unterworfen waren. . . .". Er beschreibt dann Mühlen nach den Unterlagen des arabischen Forschers Dimischgi Schems ed Din Abu Abdullah Mohamed (1271): „Sie bauen ein Gebäude in die Höhe wie ein Minarett, oder sie nehmen einen Berggipfel, Hügel oder Turm. . .". Die Baupläne für diese Mühlen waren in dem riesigen Maßstab 1 : 5 angefertigt. Einzelheiten für die Montage waren, wie die Zeichnung erkennen läßt, im Plan lediglich schriftlich vermerkt. — Wir begegnen damit im nahen Osten zum ersten Mal einer Windturbine mit senkrechter Achse. Oben befindet sich

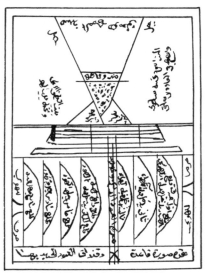

Persische Windmühle, um 900 n. Chr. (Nach überlieferter Zeichnung)

der Fülltrichter, darunter sind die Mahlsteine, ganz unten die sich blähenden Segel und zu beiden Seiten die trichterförmigen Luftschlitze für die Windzu- und abführung. Diese Mühlen sind eigentlich nichts anderes als vergrößerte Handmühlen. Würde man das Windrad nach oben und die Mühlsteine nach unten versetzen, so käme man in bessere Windströmungen und brauchte nicht jeden Sack Getreide nach oben zu schleppen. Aber jede Entwicklung geht von vorhandenen Vorbildern aus. So hat ja auch das erste Auto wie eine Pferdedroschke ausgesehen. Der gravierendste Nachteil dieser Konstruktion ist jedoch der, daß auch auf der Leeseite der Mühle Luftdüsen vorhanden sind. Dadurch kann der Wind nur sehr schlecht abströmen, was der Leistung abträglich ist. Aber die Mühle sollte ja bei jeder Windrichtung arbeiten, und so waren ringsherum Zuflußdüsen notwendig. Diese Idee war der Zeit weit voraus. Mit dem Problem der hier praktizierten Abschirmung der gegenläufigen Radhälfte bei Vertikalturbinen plagte man sich in Europa erst 700 Jahre später ab.

Windmühlen in den arabischen Einflußgebieten

Der arabische Schriftsteller Al Masudi gab um 950 n. Chr. Kunde über Windmühlen an der afghanisch-persischen Grenze, die dort schon recht häufig zum Mahlen von Getreide eingesetzt waren. Der arabische Forscher Istrachi erwähnt sie um 951 n. Chr.

Es ist schwer zu klären, ob die Araber in der geschichtlichen Reihenfolge hier zu Recht nach den Persern genannt werden, nachdem die Geschichte der Literatur der arabischen Völker erst etwa ein halbes Jahrhundert vor Mohammed (570 bis 623) beginnt. Ihr großes Verdienst war es, die griechischen Philosophen nicht nur studiert, sondern auch übersetzt zu haben. Wir wüßten sonst vieles nicht von den Griechen. Sie zählten ebenso wie die Griechen die Mathematik zur Philosophie und schenkten der Welt nicht nur die aus Indien stam-

„Spaltenrad" — Arabische Windturbine,
um 850 n. Chr.

49

menden „arabischen" Ziffern, sondern auch eine fortgeschrittene Algebra und Trigonometrie einschließlich des Sinus. Der arabische Gelehrte Abu Abdallah Mohamed Ibn Musa (gest. 820) gab nicht nur ein beachtliches mathematisches Lehrbuch heraus, sondern schrieb mit seinem Bruder auch über Mechanik, u. a. auch über einen Flötenautomaten und Windräder. Beide entwarfen ein sechzehnschaufliges Windrad für einen Springbrunnen, über dessen Verwendung jedoch nichts bekannt ist. Die Araber nannten diesen Typ, der als Vorgänger der amerikanischen Windturbine gelten darf, ein „Spaltenrad". Die Nähe Arabiens zu Ägypten läßt aber auch auf die Benutzung anderer Windradarten in früher Zeit schließen.

Das Alter der „Mühlen des Don Quijote" in der Mancha hat man auf etwa 900 Jahre geschätzt. Schon zur Zeit des Cervantes (1547 bis 1616) haben sie die aus dem Bild ersichtliche Flügelform gehabt. In den Jahrhunderten vorher wird man sie noch mit Dreieckssegeln betrieben haben.

Die Windmühlen des Don Quijote bei Campo de Criptana in der Mancha, Spanien

50

Windmühlen auf Mallorca. Alter über 700 Jahre

Interessant ist, daß die erste deutsche Ausgabe des Buches von Cervantes (1621) mit einem ganzen Wald von Bockwindmühlen deutschen Typs illustriert war. Der Zeichner war nie in Spanien und konnte sich keine anderen Mühlen vorstellen.

Die Windmühlen auf Mallorca sind meist etwas schlanker und auf Fundamente gestellt, so daß die Flügel aus der Erdwirbelzone kommen und keine Personen oder Tiere gefährden können. Außerdem ergaben sich dadurch die notwendigen Lagerräume. Sie sind ohne Zweifel eine Weiterentwicklung der alten arabischen Mühlen. Ihre Windräder können bereits in die Windrichtung gedreht werden. Es ist jedoch nicht bekannt, ob das schon von Anfang an der Fall war, als die Räder noch mit Segeln ausgestattet waren.

Die Verwandtschaft der portugiesischen mit der spanischen Windmühle ist schon rein äußerlich sichtbar. Beide gehen auf den gleichen maurischen Ursprung zurück. Doch die meisten alten, gemauerten Mühlen in Portugal sind im Verfall; — nicht aus Gleichgültigkeit gegenüber der Windkraft, sondern weil die moderne sogenannte Amerikanische Windturbine höhere Leistungen bei schwachen Winden erbringt.

51

Inneneinrichtung einer steinernen kretischen Kleinwindmühle

Was die Windradhäufigkeit betrifft, dürfte die Insel Kreta an der Spitze stehen. Die Mittelmeerinsel ist sehr gebirgig und hat im Winter reichliche, im Sommer aber kaum Niederschläge. Nachdem der vulkanische Boden sehr fruchtbar ist, bedarf es nur einer ausgiebigen Bewässerung, um reiche Ernten zu erzielen. Bei Kreta, das im Mittelmeer gelegen ist, lag die Nutzung des Windes natürlich nahe.

Vermutlich waren es die regsamen und technisch begabten Araber, die auf der Insel die Windmühle mit soviel Erfolg einführten. Es gibt sogar ein Tal der tausend Windmühlen, das fast unüberschaubar mit Windmühlen übersät ist, die segelbespannt für die Bewässerung der Felder sorgen.

Kreta war in der Zeit von 823 bis 951 n. Chr. arabisch. Aus dieser Periode könnten auch die im Bild gezeigten einfachen Mühlen stammen, von denen allein auf diesem Bergkamm dreißig Stück stehen. Die günstige Berglage erforderte keine hohen Bauten, wenngleich auch ein einziger Meter mehr Höhe die Leistung sehr gesteigert hätte, da dann auch die untere Radhälfte in den freien Luftstrom gekommen wäre. Doch es war wohl rationeller, mit dem dortigen Baumaterial niedrige, aber dafür mehr Mühlen zu errichten. Der entlegene Standpunkt könnte sogar auf eine Notversorgung einer be-

52

bedrängten Bevölkerung hinweisen. Andererseits liegen sie auf der Anhöhe eines der fruchtbarsten Täler Kretas und waren wohl in dieser Anzahl für das Mahlen von Getreide nötig.

Von den abgebildeten Steinmühlen ist nur noch eine einzige in Betrieb. Vom Spätsommer bis zum Frühjahr sind die Segel um die Ruten gewickelt, wie die Aufnahme zeigt.

Mühlenbautechnisch ist interessant, daß sie fest in eine Richtung orientiert sind und ein flaches Dach aus Balken haben. Der Wind hat auf diesem Paß nur eine Strömungsrichtung und ist stark genug, um den Leistungsverlust durch den Rückstau des Mühlengebäudes zu verkraften.

Auch die Inneneinrichtung besteht einschließlich des Kamm- und Kegelrades noch aus Holz wie seit vielen Jahrhunderten.

Fast ein Jahrtausend alte Kleinwindmühlen am Seli-Ambelos-Paß auf Kreta

Es ist wohl gar nicht so lange her, daß alle Steinmühlen noch arbeiteten, denn in vielen Ruinen sind noch die hölzernen Achsen und Zahnräder unter freiem Himmel vorhanden. Der schlechte Zustand der Steinhäuser täuscht. Schließlich sind sie praktisch ohne Mörtel gebaut und bedürften einer ständigen Ausbesserung.

An Ort und Stelle ist wenig über ihr Schicksal zu erfahren; denn auch den Griechen fasziniert das Neue und das Werden heute mehr als das Vergangene.

Ob schon vor der venezianischen Epoche auf Kreta (1204 bis 1669) in der Lassithi-Ebene die unzähligen Kleinwindmühlen existierten, ist unbekannt und nicht sehr wahrscheinlich. Heute arbeiten während der Sommermonate allein in dieser Ebene noch etwa 6 000 Windmühlen, deren Besegelung jeweils so bemessen wird, daß gerade die erforderliche Wassermenge in die Behälter gepumpt wird.

Die Lassithi-Ebene auf Kreta mit fast 6 000 Windrädern.
Oben Luftbild, unten die durch die Mühlen kaum beeinträchtigte Landschaft

Es ist beruhigend und überraschend zugleich, daß auch tausende von Kleinwindmühlen mit einem Durchmesser von etwa 6 m keine optische Belastung der Umwelt ergeben. Sie gehen in der Bebauung und Bepflanzung völlig unter.

Kreta ist ein ermutigendes Beispiel dafür, wie eine Landbevölkerung, das Kleinhandwerk und die einzelne Familie auch in mittelstarken Windgebieten energieautark gut zurechtkommen kann. Großkraftwerke sind nur für größere Gemeinden und die Industrie erforderlich. Das Lehrbeispiel von Kreta sollte man im Gedächtnis behalten; denn auf der Insel arbeiten auch in anderen Gegenden noch viele Windräder, u. a. bei Ierápetra etwa 100 amerikanische Windturbinen.

In Portugal ist der hohe Wert der Windmühle für den Einzelverbraucher nicht mehr ganz so sichtbar wie auf Kreta. Doch auch in Portugal gibt es viele Orte, wo jedes Haus eine moderne Windturbine besitzt. Aber die alten maurischen Steinmühlen verfallen, wenn sie nicht aus Gründen des Denkmalschutzes oder für den Tourismus erhalten werden.

Vergleicht man die alten portugiesischen Mühlen (siehe Bild) mit den griechischen der Ägäis, so läßt sich kaum ein Unterschied feststellen. Überall, wo die Araber herrschten, findet man diesen Mühlentyp. Sogar die Venezianer, die sich in Venetien für die deutsche Bockwindmühle interessierten, förderten auf den eroberten Inseln oft die portugiesisch-arabische Windmühle.

Alte Windmühle bei Ericeira in Portugal (maurischer Typ)

Nach fast einem Jahrtausend segensreichen Betriebes verfallen die Mühlen, die Getreide mahlten, immer mehr. Schuld daran sind unsere Anforderungen an das Mehl, die von den groben Mahlsteinen nicht erfüllt werden können. Es kann unverständlicherweise gar nicht fein und weiß genug sein, auch wenn der Nährwert dabei stark sinkt.

In den abgelegenen Gebirgsgegenden arbeiten die segelbespannten Mühlen noch häufiger, oder sie werden zumindest notdürftig instand gehalten. Hier ist die Bedeutung der Windmühle im Unterbewußtsein der Menschen noch wach. Es könnte ja die Zeit kommen, in der man sie wieder braucht. Dann bedarf es keiner großen Aufwendungen, um sie wieder in Gang zu setzen.

In der Ägäis waren die Windmühlen fast so dicht gesät wie an den Küsten der Nordsee. Doch die Bewohner waren Hirten, Bauern und Seefahrer. Sie hatten ein anderes Verhältnis zum Wind. Sie waren Inselbewohner und an Stürme gewöhnt. Sie verwendeten deshalb viele kleine Dreiecksegel, die auch harten Prisen standhalten konnten.

Mit der Anzahl der Segel konnten sie bald auch die Drehzahl der Windmühle bestimmen. Wählten sie wenige Segel, so lief das Rad schneller um als mit vielen Segeln. Sie vermochten so die Umlaufzahl optimal an die gewünschte Mahlsteingeschwindigkeit anzupassen. Warum die Drehzahl im umgekehrten Verhältnis zur Flügelzahl steht, ist leicht zu erklären. Würde sich ein Windrad zu schnell drehen, so käme der Flügel oder das Segel zu rasch in einen Sektor des Windrades, dessen Energie vom vorhergehenden Flügel durch Abbremsung des Windes schon nahezu verbraucht wurde. Das Segel würde flattern und in dem abgeschwächten Wind kaum etwas zur Drehzahlerhaltung beitragen. Bei zu schnellen Umlauf sinkt deshalb die Drehzahl solange, bis der Wind sich in dem jeweils vorausliegendem Sektor erneuert hat. Es stellt sich also von selbst eine Drehzahl ein, die nur von der Windgeschwindigkeit und der Flügel- bzw. Segelzahl bestimmt wird.

Die Verhältnisse sind bei allen Strömungsmaschinen ähnlich, ob es sich um eine Dampfturbine, ein Wasserrad oder eine Windmühle handelt. Immer wird sich ein Gleichgewicht der zugeführten Energie zu der abgenommenen Leistung über die Drehzahl einstellen.

Mitteleuropäische Windmühlen des Mittelalters

Was die Wissenschaften betrifft, so herrschte in Mitteleuropa nach dem Zusammenbruch des Römischen Reiches nahezu völliges geistiges Dunkel, eine Zeit der Unwissenheit und der Mythen. Das betraf jedoch nicht unbedingt die Dinge des täglichen Lebens. Die Forderungen des Lebens an die Menschen sind überall gleich. Auch in Mitteleuropa mußte Wasser geschöpft und Getreide gemahlen werden. Und auch hier bediente man sich der Wasserkraft und des Windes.

Nach Wenzel Hazek, einem böhmischen Annalisten, waren alle Mühlen in Böhmen vor dem Jahr 728 Windmühlen. Er schreibt: „. . . .; denn vor diesen (gemeint sind die Wassermühlen, die in Deutschland schon im 4. Jahrhundert nachweisbar sind) sind alle böhmischen Mühlen auf den Bergen und an den Winden gewesen." Das ist eine der wenigen, aber aussagekräftigen Überlieferungen so früher Windmühlen im deutschsprachigen Gebiet. Sie läßt sogar auf ein eigenes Mühlenbauergewerbe schließen; denn der dortige blühende Bergbau benötigte die Windmühlen dringend für die Wasserhaltung.

Aber auch in England, in Canterbury hatte im Jahre 669 schon eine Windmühle gearbeitet.

Im 11. Jahrhundert häufen sich allmählich die Nachrichten über Windmühlen so sehr, daß man annehmen muß, daß sie bereits zum täglichen Leben gehörten. Einen drastischen Nachweis von Windmühlen im 12. Jahrhundert führt 1682 eine Londoner Zeitschrift mit der Mitteilung, ein Wald in Northamtonshire, darin 1143 ein Kloster angelegt worden war, sei binnen hundertachtzig Jahren gänzlich gelichtet worden, weil man in der Nachbarschaft Häuser, Wind- und Wassermühlen aus den Stämmen des Waldes erbaut habe.

Mit dem auslaufenden Mittelalter kamen zwar, vor allem durch die Deutsche Bockwindmühle, die in den Wind drehbaren Windmühlen auf und begannen sich langsam durchzusetzen, aber die starren Windmühlen waren noch lange in der Überzahl. Die alte, feste Turmwindmühle war noch bis zum Ende des 14. Jahrhunderts der Mühlentyp, der auf Grund seiner Stabilität das allgemeine Vertrauen besaß, mit Recht als sturmsicher galt und lediglich an den Windflügeln Unterhaltungskosten verursachte. Aber der Wunsch nach der drehbaren Mühle wurde überall immer heftiger, auch wenn man zunächst viel Lehrgeld zahlen mußte; denn von Sturmsicherheit konnte nicht mehr viel die Rede sein. Die Vorteile der Bockwindmühle waren die Sorgen wert.

Eine starre Mühle des 14. Jahrhunderts zeigt eine hebräische Handschrift über das Backen, die im Germanischen Museum in Nürnberg liegt. Die Mühle ähnelt einem Minarett und trägt bereits ein *vierflügeliges Windrad*, so daß ein westlicher Einfluß nahesteht. Im Cod. Urb. Lat. 277 der Vatikanischen Bibliothek, der aus der gleichen Zeit stammt, ist ein Stadtplan von Konstantinopel enthalten, auf dem eine gleiche Windmühle eingezeichnet ist (1377).

Hebräische Windmühle um 1400

Im 14. Jahrhundert war man so sehr an die Windmühle gewöhnt, daß man auch in Notzeiten nicht auf sie verzichten konnte. So steckte man, wie ein Teppichbild aus dem Jahr 1390 zeigt, bei einer Belagerung eine Windradwelle in den Burgturm, versah sie mit einem vierflügeligen Windrad und war damit beim Herstellen des Mehles unabhängig. Der Teppich hängt im Germanischen Museum in Nürnberg.

Gegen Ende des Mittelalters hatte sich das Windrad praktisch über ganz Europa ausgebreitet. Da im Binnenland die Winde häufig ihre Richtung ändern, mußte man nach Mög-

Windrad am Turm
einer Burg, dargestellt
auf einem Teppich aus
dem Jahr 1390

lichkeiten suchen, das Windrad ohne große Umbauten umzu-
stellen. Im Jahr 1105 soll es in einem französischen Kloster
schon eine verstellbare Mühle gegeben haben. Man löste das
Problem in den nächsten Jahrhunderten mehr oder weniger
elegant.

Im 14. Jahrhundert steckte man meist noch die Windradwelle in die gewünschte Richtung. Ab ungefähr 1400 trat die
sogenannte Deutsche Bockwindmühle auf, bei der das gesamte Haus auf einem Bock gedreht wurde. Einen der ersten
Entwürfe einer Bockwindmühle findet man im Cod. lat. 197
in der Bayerischen Staatsbibliothek in München. Der ange-
deutete Unterbau auf dem Entwurf soll keinen Baumstumpf
darstellen, sondern einen Hügel.

Bockwindmühlen haben sich bis in unsere Zeit erhalten,
obwohl mit den späteren sogenannten Holländermühlen die
Einstellung des Windrades in die Windrichtung viel einfacher
gelöst wurde. Sie hatten vier rechteckige Flügel, die anfangs
nur mit Holz beschlagen, später mit Segeltuch bespannt
waren.

59

Die Deutsche Bockwindmühle war über Jahrhunderte die Standardmühle, obschon jeder Sack Getreide über eine Holztreppe in den Mühlenraum hochgetragen werden mußte. Die Mühle schwankte im Wind so sehr, daß sie auch den Namen „Wippmühle" bekam. Die Räumlichkeiten waren außerdem recht beschränkt. Aber sie war stabil, zuverlässig und einfach und konnte mit eigenen Kräften repariert werden. Was tat es schon, daß man sich plagen mußte! Daran war man gewöhnt. Ohne Windmühle wäre das Leben noch viel schwerer gewesen.

Es ist erstaunlich, daß gerade die einfachen, fast primitiven Bockwindmühlen sich über ein halbes Jahrtausend im Mühlenwesen zäh behauptet haben. Der Grund dafür dürfte wohl gerade in dieser Primitivität liegen. Jeder gelernte Zimmermann konnte sie herstellen. Sie bestand ja, wie eine Blockhütte, nur aus Balken und geraden bretterverschalten Wänden. Man benötigte keine speziellen Mühlenbauer, die man aus Holland oder Friesland kommen lassen mußte. Lediglich der Antrieb der Mühlensteine, der aus einem Winkelgetriebe mit hölzernen Zahnrädern bestand, die zum Teil heute noch in Betrieb sind, verlangte große Genauigkeit und mußte in einer guten Werkstätte hergestellt werden; denn von der Festigkeit und Genauigkeit der Zähne hing die Lebensdauer und die Betriebsbereitschaft der Mühle vornehmlich ab.

Eine der ältesten Skizzen einer deutschen Bockwindmühle, um 1430

Wendische Bockwindmühle

Mit der Zeit fand man Wege, die Bockwindmühle zu verbessern. Zuerst wurde wohl der Bock niedriger gemacht und das Mühlenhaus vergrößert. Damit wurde ein größerer Lager- und Arbeitsraum geschaffen. Die Getreide- und Mehlsäcke mußten nicht mehr über so starke Höhenunterschiede getragen werden. Die Windradflügel gelangten allerdings dabei in die gefährliche und windarme Bodennähe. Die Vorteile überwogen jedoch die Nachteile. Die verbesserte Bockwindmühle verbreitete sich über ganz Mitteleuropa, von Südrußland über den slawischen Sprachraum bis Norddeutschland und Flandern. So steht in einem Gemälde von Hippolyte Belanger, das die Schlacht von Valmy (20. 9. 1782) darstellt, eine solche Mühle beherrschend, als strategischer Punkt, in der Szene.

Holländisch-schwedische Bockwindmühle, mit festem Untergeschoß

In Schweden und Holland ging man andere Wege, um die
Deutsche Bockwindmühle zu verbessern. Man war dort der
Grundidee des Ursprungslandes weniger verhaftet. Außerdem
störte das Wippen der Mühle vor allem bei den Poldermühlen
in den Niederlanden erheblich. Die Wasserpumpen, mit denen
die Polder entwässert wurden, verlangten eine ruhig laufende
Antriebswelle. So wurde ein großes, massives Untergeschoß
zur Aufnahme des Pumpen- oder Mühlenantriebs erstellt und
das Windrad mit dem Kegelradgetriebe an einem oberen, kleinen und drehbaren Haus montiert. Das brachte eine ganze
Reihe von Vorteilen mit sich. Die Mühle hatte nun große,
stabile Arbeitsräume und Lagermöglichkeiten zu ebener Erde.
Das Windrad selbst befand sich nicht mehr in der erdnahen

Wirbelzone. Gleichzeitig wurde die Gefahr gebannt, daß ein Mensch von dem umlaufenden Windrad erfaßt und verletzt werden konnte. Der erste Schritt der Entwicklung auf die sogenannte Holländische Windmühle zu war getan. Man brauchte nur noch das obere Haus weiter zu verkleinern und in die Form des Untergeschosses übergehen zu lassen, so hatte man die sogenannte Paltrockmühle, die, nachdem sie einen achteckigen Grundriß erhalten hatte, äußerlich kaum noch von der heutigen Holländermühle zu unterscheiden ist. Der Name Paltrock führt darauf zurück, daß das obere Haus rockähnlich das untere Haus etwas überdeckte, so daß auch das obere Haus mit dem Windrad eine Führung hatte und ohne Schwierigkeiten mit langen Balken in den Wind gedreht werden konnte.

Westsibirische
Bockwindmühle

In den Balkanländern mit ihrem Getreide- und Holzreichtum entwickelte man andere Bauarten. Der Unterbau bestand hier oft aus geschichteten, massiven Baumstämmen ähnlich den russischen Bauernhäusern. Darüber wurde ein drehbares Holzhaus, ebenfalls aus massiven Holzstämmen, errichtet, das die Windradwelle und die Mahlsteine aufnahm. Auch die Windflügel sind gänzlich aus Holz und bestehen aus einer Holzrute, Spanten und Brettern, die man je nach Windstärke verminderte oder vermehrte. Diese Mühlen dürften das Vorbild für die westsibirische Windmühle abgegeben haben. Am Schwarzen Meer, in Bulgarien wurden die Holzflügel durch Segel ersetzt.

Windmühlen aus dem 16. Jahrhundert. Nach einem Gemälde von Stradano (Aufnahme: Deutsches Museum, München)

Die im 16. Jahrhundert in Europa gebräuchlichsten Windmühlen zeigt ein Kupferstich von Galle, der nach einem Gemälde des Holländers Jan von der Straet, genannt Stradano, (1536 bis 1605) angefertigt wurde. Im Vordergrund sieht man eine Deutsche Bockwindmühle, daneben eine etwas ältere Wippmühle und dahinter drei Turmwindmühlen. Die Holländermühle war noch nicht entwickelt.

Die Häufigkeit der Windmühlen ist auf dem Bild nur mäßig übertrieben. Die Mühlen standen auch im Mittelalter oft in größeren Gruppen beisammen. So wurden bei einem Deichbruch — nach einem Bericht von G. Happelii — über die „erschreckliche Wasserflut" vom 11. Oktober 1634 in Schleswig die Verluste genau aufgezeichnet: „6123 Menschen sind ertrunken und umgekommen, darunter 9 Prediger, 12 Küster, 1339 Häuser ganz weggetrieben, 375 Hauswirte oder Landeigner und 58 Kötener behalten. 28 Windmühlen und 6 Glockentürme weggetrieben. An Tieren und lebendiger Habe, als Pferde, Ochsen, Kühe, Schafe und Schweine sind ertrunken mehr und nicht minder über 50 000 Stück."

64

Ein kleiner Abstecher in die Geschichte Rumäniens bringt eine interessante Überraschung hinsichtlich der Geschichte der Windmühlenentwicklung.

Die sieben Kreuzzüge zwischen 1096 und 1270 führten auf ihrem Weg zum Hafen von Venedig, durch das heutige Rumänien. Die Kreuzfahrer kannten aus ihrem Herkunftsland die alte Deutsche Bockwindmühle, die sie nachweislich über Ungarn bis Rhodos, wo sie ihre Stützpunkte hatten, bauen ließen. Die mitteleuropäischen Windmühlen zur Zeit der Kreuzzüge aber sahen ziemlich genau so aus, wie die noch heute anzutreffenden Windmühlen in Rumänien, das es als eigenen Staat ja erst seit 1862 gibt. Warum, so fragt man sich, haben die dortigen Mühlen nicht die Entwicklung der westlichen Bockwindmühlen mitgemacht?

Grund dafür ist die Eroberung des Balkans durch die Türken im Jahre 1336. Dadurch und durch die Islamisierung Großbulgariens, zu dem bis dahin auch das heutige Rumänien gerechnet werden kann, brach der kulturelle Kontakt mit dem Westen ab. Das änderte sich im 19. Jahrhundert unter dem russischen Einfluß kaum. Auf diese Weise ist uns der älteste

In Rumänien stehen mitten in der bessarabischen Kornkammer unzählige Windmühlen, die sich mit ihren sechs Flügeln so langsam drehen, daß auch roh gezimmerte Flügel aus Holz ausreichen

Typ der Bockwindmühle über ein halbes Jahrtausend unverändert erhalten geblieben. Das Phänomen beweist, daß diese Windmühlenart mit ihren sechs hölzernen und völlig ebenen Flügeln für das Mahlen von Getreide, Raps und Mais (dem türkischen Weizen) gut geeignet war, jedenfalls bis in die Gegenwart hinein dafür ausreichte.

Die sechs breiten Flügel ergaben eine relativ große Gesamtflügelfläche, so daß das Windrad schon bei schwachen Winden anlief, und eine niedrige Drehzahl, die für die Mahlsteine günstig war. Und weil alle Flächen eben waren und nur aus Brettern bestanden, konnte jeder Bauer die notwendigen Reparaturen selbst ausführen. Der Wirkungsgrad dieser alten Bockwindmühle war zwar sicher nur halb so groß wie der einer modernen Holländermühle. Aber es gab damals genügend Holz und geschickte Arbeitskräfte, um eben einige Mühlen mehr aufzustellen. Rumänien war bis 1945 ein reines Agrarland mit rund 100 Einwohnern je Quadratkilometer, die Kornkammer des Balkans. Das erklärt die enorme Bedeutung der Windmühle, deren Wert durch die neueste Industrialisierung eigentlich bloß auf Zeit geschmälert wird, nämlich bis die fossilen Energievorkommen versiegen.

Die große Verbreitung der Windmühlen in den vergangenen Jahrhunderten können wir uns heute kaum mehr vorstellen. Es gab mit Sicherheit mehrere hunderttausend Windmühlen. Allein in Deutschland, das nicht zu den mühlenreichsten Ländern gehört, zählte man noch am Ausgang des vorigen Jahrhunderts 22 000 Windmühlen, von denen 1938 noch 4 500 in Betrieb waren, darunter in entlegenen Gebieten noch einige alte Deutsche Bockwindmühlen. Manche Mühle wurde vom Sturm zerstört, die meisten aber wurden abgebaut. Sie fielen dem Angebot der Sekundärenergie Elektrischer Strom zum Opfer, die zu jeder Sekunde mit der gewünschten Stärke und problemlos zur Verfügung steht — noch zur Verfügung steht.

Bereits im 12. Jahrhundert warf der Betrieb der Windmühlen steuer- und staatsrechtliche Fragen auf. Die Geistlichkeit verlangte den Zehnten des Mühlenerlöses und wandte sich an Papst Cölestin III. (1191 bis 1198), der die Abgabepflicht bestätigte. Aber Rom lag weit entfernt; die Landesfürsten hielten es mit den Windmühlen wie bei den Wasserrechten und kassierten die Steuer.

So stammen in der Mark Brandenburg die Mühlenrechte aus dem Jahr 1303. In diesem Jahr verlieh – wie W. Peschke berichtet – der Markgraf dem Kloster Zinna das Windmühlenrecht und 1313 dem Domkapitular von Brandenburg das Recht für eine Mühle bei Garlitz.

Doch der Kampf um die Vergabe der Mühlenrechte schwelte weiter. Der Bischof von Utrecht z. B. teilte 1341 öffentlich dem weltlichen Herrn mit, daß ihm der Wind der gesamten Provinz gehöre, und daß das Kloster Windsheim eine Mühle bauen könne, wo es wolle.

Der Erfindungsreichtum der Obrigkeit hinsichtlich neuer Steuern war wohl schon immer beachtlich. Und die Windmühlen versprachen ein Geschäft für Jahrhunderte zu werden. Im Jahr 1375 sind in einem Handbuch Karls IV. bereits 41 Windmühlen (vermutlich in Böhmen) aufgeführt. Kaum eine Stadt, die sich nicht mit der Erstellung von Windmühlen befaßte! Sogar Venedig tat dies auf einen Antrag von Bartolomeo Verde 1332. Speyer ließ sich 1393 von einem Holländer eine Windmühle bauen. Die Holländer bauten 1408 bei Alkmaar eine Entwässerungsanlage mit einer Windmühle. Da die Mühlen damals jedoch noch nicht in den Wind gedreht werden konnten, stellten sie die Mühle auf ein Floß.

Im Weichseldelta standen 1933 noch Windmühlen, die aus dem Jahr 1430 stammten. Auch die Ritterorden errichteten, wo sie hinkamen, Windmühlen für die Bäckereien, so die Johanniter auf Rhodos, wie der Holzschnitt aus dem Jahr 1496 zeigt.

Fünf Windmühlen des Johanniterordens auf Rhodos. Aus einem Holzschnitt von 1496

67

Wie sieht es nun heute (1978) auf Rhodos aus?

Windmühlen vom Typ der Lassithi-Ebene dürften auf der Roseninsel wohl noch in einigen hundert Exemplaren Verwendung finden. Allein rund um den Flughafen stehen über 20 solcher Windräder. Recht oft trifft man auch Amerikanische Windturbinen an, die sich in der Nähe von Siedlungen häufen und am Rand der Stadt Rhodos und im Ort selbst sehr verbreitet sind. Das lebensnotwendige Süßwasser wird auf den Inseln der Ägäis und des Dodekanes damit am zweckmäßigsten gefördert.

Von den Hängen und Bergen der Insel grüßen verstreut steinerne Turmwindmühlen in mehr oder weniger gutem Zustand herunter. Nur einige wenige davon sind betriebsbereit. In der Stadt Rhodos stehen am Mandraki-Hafen noch drei gut erhaltene Steinmühlen aus der Johanniterzeit und am Freihafen ebenfalls noch drei, von denen allerdings nur eine gut erhalten ist. Auch im Zentrum der Stadt hat sich noch eine Turmwindmühle erhalten. Alle haben zur Zeit nur Denkmalswert und werden gepflegt, weil sie seit einem halben Jahrtausend zum Stadtbild gehören.

Die drei steinernen Turmwindmühlen am Mandraki-Hafen in Rhodos (1978)

Drei ähnliche Turmwindmühlen standen nach einer Zeichnung von Friburgo im 16. Jahrhundert in Konstantinopel. Sie waren vermutlich von Kreuzfahrern erbaut worden, hatten jedoch sechs Flügel, was auf griechische oder maurische Erfahrungen hindeutet.

Windmühlen der Renaissance und ihre Nachfolger

Baute man in der Regel Mühlen für die Be- oder Entwässerung oder für das Mahlen des Getreides, verführte die am menschlichen Muskel gemessene „ungeheure" Kraft des Windes doch dazu, für den Wind auch andere Betätigungsfelder zu suchen. Nur zu häufig beflügelte das Kriegshand-

Vorschlag von Milimete 1326, Bienenkörbe mit Windkraft gegen den Feind zu werfen

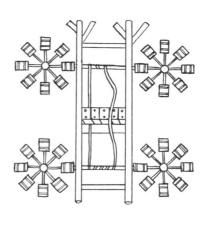

Aufzug nach Kyeser, 1405

werk das menschliche Gehirn. Kaum war die Mühle drehbar, so machte Walter von Milimete 1326 in seiner kriegstechnischen Handschrift den Vorschlag, mit Hilfe der Windmühlenflügel Bienen in ihren Körben gegen den Feind zu schleudern und ihn so in die Flucht zu schlagen.

In dem umfangreichen Werk des Edlen Kyeser von Eichstädt, das aus dem Jahr 1405 stammt, ist u. a. ein Aufzug enthalten, der Soldaten auf die Festungsmauer befördern sollte. Kyeser ahnte wohl schon, daß er dabei hohe Anforderungen an den Wind stellen würde; denn er sah gleich vier Windräder vor, wobei er jeweils zwei hintereinanderschaltete. Das Ganze beruht natürlich auf einer falschen Einschätzung der Windkraft.

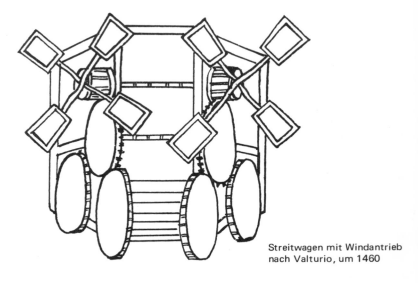

Streitwagen mit Windantrieb
nach Valturio, um 1460

Ein weiteres Beispiel eines Versuches, den Wind für militante Zwecke zu verwenden, zeigt ein Holzschnitt des apostolischen Sekretärs in Rom, Roberto Valturio, aus dem Jahr 1460. Der abgebildete Streitwagen, ein geistiger Vorläufer der Panzer, war völlig ungefährlich. Die Windkraft wurde wieder einmal maßlos überschätzt. Selbst bei nur angenommenen zwei PS hätten die Windräder schon einen Durchmesser von zehn Meter haben müssen. Ihre Achse würde also in der Höhe des zweiten Stockes eines Hauses liegen. Um einen solchen Koloß zu bewegen, reichen aber wiederum zwei Pferdestärken nicht aus.

Es konnte nicht ausbleiben, daß die geistige Unruhe und Kraft der Renaissance sich auch auf den Windmühlenbau auswirkte. Sie brachte auf diesem Gebiet viele neue Ideen

70

und umwälzende Anregungen, von denen allerdings nicht allzuviele das hielten, was sie versprachen. Das ist jedoch in allen Umbruchzeiten so. Der eigentliche Wert eines Umbruches liegt oft nur in der Befreiung von alten Denkschemata. Die Früchte stellen sich meist erst später ein.

Bei den Windmühlen war damals das größte Problem, wie man das Windrad von der Windrichtung unabhängig bauen könne. Das Genie Leonardo da Vinci wußte es sofort. Für den mittleren und nördlichen Teil Italiens war zwar die Windkraft nur von geringer Bedeutung, da hier Wasserkräfte in Form von kleineren Flüssen recht häufig sind. Aber an der Küste arbeiteten auch einzelne Windmühlen, so in Piombino, westlich von Siena. Dort aber hatte sich Leonardo öfter aufgehalten und mag so mit dem Windmühlenproblem bekannt geworden sein. Ein Stadtbild von Piombino aus dem 19. Jahrhundert zeigt eine Turmwindmühle, die genau der entspricht, die Leonardo mit wenigen Strichen skizziert hatte. Er machte das Dach niedrig, stabil und drehbar, und nahm damit geistig die spätere Entwicklung der Windmühlen voraus. Sein Skizzenblatt wurde wie andere Entwürfe über mechanische oder anatomische Gedankengänge abgelegt. Leonardo da Vinci verstand von Aerodynamik erstaunlich viel. Er zeichnete einen Windmesser mit Düsen und Meßrad, also das erste uns bekannte Anemometer; von ihm stammen auch schon absolut richtige Strömungsbilder von Turbulenzen.

Skizze von Leonardo da Vinci aus dem Jahr 1502: Drehbares Dach einer Windmühle

71

Im 15. Jahrhundert stand Europa geistig und kulturell vor einer Mauer der Traditionen. Die Theologie als eine alle Gebiete beherrschende Fakultät war dem menschlichen Geist nun aber zu einseitig und zu eng geworden. Man versuchte, die Naturwissenschaften von den geistigen Wissenschaften zu trennen. Dieser Schritt war aber gar nicht so leicht, was Galilei und Giordano Bruno am eigenen Leib zu spüren bekamen, wie zweitausend Jahre vor ihnen Anaxagoras und Aristoteles, die beide, auf Grund ihrer atomistischen Lehre, ebenfalls wegen Gotteslästerung zum Gericht vorgeladen wurden.

Am Ende des Mittelalters aber waren die Kenntnisse über die Natur und ihre Gesetze allmählich so unwiderlegbar, daß sich die fällige geistige Befreiung, die Renaissance unaufhaltsam vollzog. Nicht die Entdeckung Nordamerikas leitete die Neuzeit ein. Sie war vielmehr das Produkt der neuen, unabhängigen Denkungsweise.

Besonders in Italien schäumten die Ideen auf allen Lebensgebieten über. Die Windmüller, die in Italien außer in Sizilien kaum eine Bedeutung hatten, befaßten sich völlig unvoreingenommen mit Vorschlägen für neue Windräder.

Spanien aber, ein klassisches Land der Windmühlen, erlebte keine Renaissance. Daher sehen dort die Mühlen heute noch wie ihre maurischen Vorbilder aus. Warum die Renaissance an Spanien vorbeigegangen ist, zeigt, als Beispiel für die herrschende Geisteshaltung, der bekannte Satz aus einem Brief König Philipps II. an Egmont: „Lieber wollte ich hunderttausend Leben verlieren, als in eine Neuordnung auf religiösem Gebiet einzuwilligen....". Dazu muß man wissen: Außer der Kriegstechnik rechnete man fast alles zum religiösen Gebiet.

Nun, die spanische Windmühle hatte keine grundsätzlichen Änderungen nötig. Ihr Typ ist heute noch brauchbar. In Portugal herrschte zwar ein weltoffener Geist, aber die Landentdeckungen zu Beginn der Neuzeit führten dort dazu, den erhöhten Energiebedarf durch Sklavenarbeit zu decken. So schrieb der portugiesische Konquistador Gomes de Azurara: „Endlich gefiel es Gott, dem Lohner guter Taten, ihnen für die vielen in seinem Dienste erlittenen Mühen einen siegreichen Tag, Ruhm für ihre Drangsal und Ersatz für ihre Kosten zu geben; denn an Männern, Frauen und Kindern wurden zusammen 165 Stück gefangen." (Chronica do Descobrimento e conquista de Guiné). Diese furchtbaren Irrwege der Sklaverei machten keine geistige Renaissance möglich und erforderlich. Die Windmühlen blieben die individuelle Randerscheinung der Landwirtschaft.

Was jedoch Mitteleuropa in dieser Umbruchszeit betrifft, so wurde technisch und kulturell die dunkle Zeit des Mittelalters recht spät überwunden. Ob in Paris, München, Nürnberg, Göttingen, Dresden, Prag oder anderswo, — die sanitären und arbeitsmäßigen Verhältnisse wären für unsere heutigen Lebensvorstellungen einfach nicht faßbar. So fielen Könige an ihrem Fenster wegen des Gestankes in Ohnmacht. Es mußte verboten werden, die Notdurft in öffentlichen Ratskellern zu verrichten. Die Pferde rutschten im Kot aus und warfen ihre Reiter hinein. Schweineställe standen in den Hauptstraßen der Großstädte. Die Nachtgeschirre wurden, wie selbstverständlich, durch die Fenster auf die Straßen entleert. Man ging deshalb auf Stelzen. Doch der Handel blühte, — und die Windmühlen arbeiteten überall und nahmen einen Teil der Schwerarbeit von den Schultern der Menschen. Die Renaissance kam zu früh für Mitteleuropa. Sie erreichte nur einige Denker und schuf so die potentielle Möglichkeit für einen späteren, nachholenden Ausbruch. Für den Windmühlenbau selbst war dieser Mangel an Aufklärung jedoch nahezu unwichtig. Die Windmühlen waren erprobt und taten ihre Arbeit. Das Fachwissen der Handwerker wird ohnedies von den weltanschaulichen Strömungen kaum beeinflußt, sondern ist — manchmal auch ein Nachteil — einer Stetigkeit unterworfen, die nur selten Verbesserungen zuläßt. Für die deutschen und holländischen Mühlen war das ein Glück; denn ihnen fehlten keine grundsätzlich neuen Idee, sondern Dinge wie eine mathematische Erfassung, aerodynamische Verfeinerung und neue, bessere Werkstoffe.

In Italien dagegen, dem Ursprungsland der Renaissance, wirkte sich der neue geistige Schwung auf allen Gebieten aus. Es konnte nicht ausbleiben, daß in allen Fakultäten sich Gelehrte hervortaten und die Wissenschaften blühten. Jeder Fürstenhof hielt sich neben Philosophen, Hofnarren, Lilliputanern und Musikern auch einen Mechaniker oder besser

Ingenieur, der neben den Festungsbauten auch andere Vorrichtungen für die allgemeine Unterhaltung zu erfinden und herzustellen hatte.

Es handelte sich dabei um die begabtesten Männer ihrer Zeit wie Leonardo da Vinci, Stradanus, Ramelli, Veranzio, Branca, Mariano, Cardano, Zonca und viele andere, die sich unter anderem auch der Fortentwicklung der Windmühle widmeten. Einen Weg, die Mühlen von der Windrichtung unabhängig zu machen, hatte Leonardo gezeigt. Doch der regsame Geist der Zeit suchte nach völlig neuen Lösungen. Leider sind viele Unterlagen von Leonardo verloren gegangen. Und so wissen wir nicht, ob er bewußt nichts an der Form des alten, bewährten Windrades änderte, weil er deren aerodynamische Überlegenheit kannte; denn er hatte sich nicht nur mit dem Vogelflug, sondern auch jahrelang eingehend mit dem Bau von Segelflugzeugen, ja sogar von Flugmaschinen mit Muskelantrieb mittels Luftschraube beschäftigt.

Dem beweglichen Geist dieser Zeit widersprach es zutiefst, nach Teutonenart gleich ein ganzes Haus zu drehen, wenn die Windrichtung wechselte. Es mußte auch andere Möglichkeiten geben. Und es gab sie. Italien war jedoch kein Land der Windmühlen. Man entwarf also völlig unvorbelastet neue Windturbinen, die zwar die Windunabhängigkeit auf das Eleganteste lösten, aber in ihrer Leistung nicht befriedigten. Man kannte damals noch nicht das Naturgesetz, daß man dem Wind seine Leistung nur ganz allmählich entnehmen darf, indem man die Schaufeln nur um wenige Grade von der Windrichtung abweichen läßt. Jeder Segler weiß das aus Erfahrung und setzt bei achterlichem Wind auf seinem Boot ein zusätzliches Spinnaker-Segel, um wenigstens einigermaßen die gleiche Windleistung entnehmen zu können wie hart am Wind.

Man scheute sich in der Renaissancezeit nicht, alles bisher Überkommene anzuzweifeln. Man wollte von vorn anfangen. So steuerten auch Außenseiter, wie in anderen Jahrhunderten, manches zur Entwicklung der Technik bei.

Der 1551 in Sebenico in Dalmatien geborene Fausto Veranzio hieß eigentlich Verancic und war mit 47 Jahren Bischof von Czanad. Er war aber ein mindestens ebenso guter

Windrad von Veranzio, um 1600

Ingenieur. So gab er im Jahr 1616 sein Maschinenbuch „Machinae novae" heraus, in dem er neben Seilschwebebahnen, Reisewagen, Wasserrädern und Fallschirmen auch Windturbinen darstellte.

Auch er widmete seine Gedanken vor allem Windrädern, die unabhängig von der Windrichtung arbeiten konnten. Dazu erschienen ihm besonders Turbinen mit senkrechter Achse geeignet, deren Flügel auf der Vorderseite einen größeren Luftwiderstand hatten als auf ihrer Rückseite. Die einfachste Art war es, wie ein Windrad von Veranzio zeigt, dazu zwei Bretter winkelförmig aneinanderzufügen.

Stellt man eine drehbare Tafel quer zum Wind, so wird dieser ausweichen und höchstens ein Drittel seiner Energie als Drehimpuls an den Flügel abgeben. Nun, damals ging es noch nicht um Höchstleistungen. So hatte schon Jacopo Mariano um 1438 eine Windturbine mit vertikaler Achse und gekrümmten Schaufeln für den Antrieb eines Ziehbrunnens vorgeschlagen. Dieser Idee wurde um 1610 von Veranzio für eine Mühle wieder aufgegriffen. Die Krümmung der Schaufeln hatte zur Folge, daß der Luftwiderstand auf der konkaven (hier der linken) Seite größer wurde als auf der anderen Seite. Dadurch konnte sich das Windrad drehen, obwohl es auf beiden Seiten der Turbinenachse vom Wind beaufschlagt wurde.

75

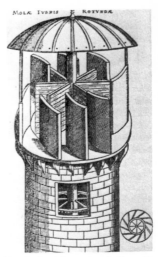

MOLÆ IVRRIS ET ROTVNDÆ

Vertikalturbine mit gekrümmten Schaufeln von Veranzio, um 1600

(Foto: Deutsches Museum, München)

Vertikalturbine mit schrägen Vorleit-schaufeln, die entsprechend dem rechts hinzugefügten kleinen Grund-riß den Wind nur auf eine Seite des eigentlichen Windrades hinleiten. Der Kupferstich stammt aus dem Anfang des 17. Jahrhunderts

Der Luftwiderstand der gegenläufigen Seite war allerdings noch recht erheblich, was die abgegebene Leistung natürlich ziemlich beeinträchtigte. Veranzio war bald von seinen Win-kelbrettern abgegangen und hatte sich den gekrümmten Schaufeln zugewendet, die einer allmählichen Windumlen-kung bekömmlicher waren.

Lange Zeit war dieser Entwurf Veranzios Vorbild der nach-folgenden Vertikalturbinen. Die gekrümmten Schaufeln reich-ten nicht bis zur Nabe, sondern ließen noch Raum für den Abfluß des Windes, ohne den eine Leistungsabgabe des Win-des überhaupt nicht möglich ist. Ohne die Durchflußmöglich-keit würde der Wind dem Hindernis einfach ausweichen. Die Krümmung der Schaufeln hat außerdem noch den Vorteil, daß der Wind im Rad leicht umgelenkt wird und er damit die gegenüberliegenden Schaufeln auch noch von hinten etwas beaufschlagt.

Veranzio störte bei dieser Konstruktion jedoch immer noch der Luftwiderstand der gegenläufigen Radhälfte. Auch wenn er die Schaufeln noch mehr krümmte, so daß kein

Wind mehr in die falsche Seite eindringen konnte, blieb der störende Luftwiderstand. So kam er auf die Idee, das Windrad in einen Turm einzubauen, der auf jeder der vier Seiten ein seitlich angebrachtes offenes Fenster hatte. Damit wurde der Wind von der gegenläufigen Seite des Rades abgehalten, sofern der Wind eine der vier Himmelsrichtungen einigermaßen genau einhielt.

Der Schritt von der quer stehenden Leitmauer zu einer Leitschaufel vor den eigentlichen Laufschaufeln war nicht mehr sehr groß. Er wurde Anfang des 17. Jahrhunderts getan. Dabei wurden die Vorleitschaufeln, wie das Bild zeigt, so angebracht, daß unabhängig von der Windrichtung immer nur eine Seite des Windrades dem Wind ausgesetzt war. Damit entfiel die bremsende Wirkung des Windes auf den gegenläufigen Teil. Die Laufschaufeln sollten hier natürlich ebenfalls gekrümmt sein, um die Strömung des Windes vom Leitrad zum Laufrad wirbelfreier zu gestalten.

Veranzios bekannte Entwürfe, mit Hilfe von Klappflügeln den gegenläufigen Teil der Windturbinen vom Windwiderstand zu befreien, dürften zeitlich vor seinen Vertikalturbinen mit gekrümmten Schaufeln liegen. Theoretisch ist natürlich

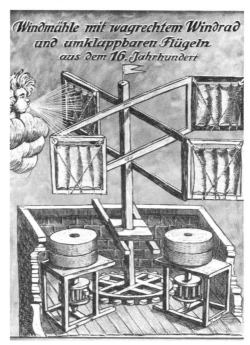

Vertikalturbine mit Klappflügeln von Veranzio, um 1595 (Foto: Deutsches Museum, München)

ein Windrad dieser Art, das keine gegenläufigen Teile hat, der Idealfall. Veranzio hat deshalb in dieses Problem viel Zeit investiert und hat zunächst sehr einfache Klappmechanismen entworfen, bei denen der Wind, woher er auch immer kommt, selbsttätig auf einer Seite des Rades die Klappen als aktive Fläche an die Radkonstruktion anlegt, während er auf der gegenüberliegenden Seite die Klappen in nahezu widerstandslose Segelstellung bringt. Bei vier Klappen ist aber leider immer nur eine in Arbeitsstellung, während die anderen drei keinen Leistungsbeitrag bringen.

Der Gedanke an Klappflügel ließ aber die Konstrukteure bis zum Ende des 18. Jahrhunderts nicht mehr los. Die Durchführung der einseitigen Beaufschlagung des Windrades durch den Wind wurde immer wieder abgewandelt, bis sich im 19. Jahrhundert endgültig die Erkenntnis durchsetzte, daß die Ausnutzung des Windwiderstandes stets mit starken Leistungseinbußen verbunden ist, da die gleichmäßige Strömung des Windes unterbrochen wird, so daß er ausweicht und turbulent wird, wie man es sich an Hand des gezeigten Bildes gut vorstellen kann. Es dauerte zwei Jahrhunderte, bis man dem Wind die Energie ausschließlich mittels der Auftriebskraft am Flügel zu entnehmen verstand, der fast in der Richtung des anströmenden Windes steht.

Es verrät den echten Ingenieurgeist Veranzios, daß er von der Turbinenwelle meist gleich zwei Mühlsteine antreiben läßt, was sich bei einer senkrechten Welle ja auch anbietet. Zur Konstruktion dieser Mühlenart muß allerdings bemerkt werden, daß die Größen solcher Klappen in der Praxis untauglich sind. Man überschätzte damals die Leistung der schwachen Winde und unterschätzte die der starken Winde. Bedenkt man, daß bei Windmühlen, die auf dem Widerstandsprinzip beruhen, zum Beispiel bei einem Wind von 5 Meter je Sekunde — was der Windstärke 3 entspricht — etwa 50 Quadratmeter Flügelfläche erforderlich sind, um auch nur die bescheidene Leistung von 1 Kilowatt zu erzeugen, so ergäbe das bei Veranzios System Klappen von einer Größe mit 7 mal 7 Meter. Das ist schon eine recht respektable Hauswand. Ein solches Holztor kann man nicht einfach während einer Radumdrehung herumschwenken, anlegen und wieder herumschwenken, ohne daß es sich sofort aus den Angeln reißt und zu Bruch geht.

Aus dieser Überlegung heraus hat Veranzio auch die Konstruktion dahingehend abgeändert, daß er statt 4 Klappen nunmehr 12 auf eine sich drehende Karussellscheibe montierte, die vom Wind auf der einen Seite aufgestellt und auf der anderen wieder umgeworfen wurden. Da sich die Klappen aber gegenseitig teilweise verdecken, würden sie nicht viel kleiner werden als bei der vorhergehenden Lösung: Für eine Leistung von 1 kW ergäbe sich ein „Karussell"-Durchmesser von rund 30 m. So ist es verständlich, daß Veranzio später von den beweglichen Klappen zu den festen, gekrümmten Schaufeln übergegangen ist.

Die geringe Leistung der Vertikalturbine, die den Vorteil der Unabhängigkeit von der Windrichtung hatte, ließ das Interesse an dieser Bauart wieder schwinden. Aber die Versuche waren, wie sich später herausstellte doch nicht ganz umsonst; denn sie tauchte in abgewandelter Form immer wieder auf und fand eines Tages eine Form, die bis heute für Spezialzwecke verwendet wird, wobei, das soll nicht verschwiegen werden, die Nutzung des Windwiderstandes kaum noch in Erscheinung tritt.

Drehbare Windmühle zur Wasserförderung, Entwurf von Ramelli, 1588

Vorerst kehrte man auf breiter Basis zur klassischen Windmühle mit horizontaler Windradachse mit vier Flügeln zurück. In der gleichen Zeit, in der in Holland die erste in den Wind drehbare Mühle gebaut wurde, brachte Agostino Ramelli (1531 bis 1590) im Jahr 1588 sein Buch „Le diverse et artificiose machine" mit 195 Kupferstichen heraus. Einer der Kupferstiche zeigt eine steinerne Turmwindmühle, deren Dach mittels eines Seilzuges drehbar gemacht wurde. Die Erfindung war längst überfällig. Sie lag so sehr in der Luft, daß gerade die italienischen Ingenieure sich damit befaßten, obwohl damals die Mühle in Italien dank der Unermüdlichkeit der Esel kaum eine Bedeutung hatte. Bei dem Vorschlag von Ramelli fehlt nur noch eine Sicherung, die bei Windwechsel verhinderte, daß der Mann an der Winde gefährdet wird.

Noch waren das nur einzelne Ansätze, das Dach mit der Windradwelle in die jeweilige Windrichtung drehen zu wollen. Die Neuerung hatte noch ihre Tücken. Manches Dach ist bei Sturm mitsamt den Windflügeln davongeflogen und zerstört worden. Die deutsche Bockwindmühle mit dem großen, drehbaren Haus hatte wenigstens ein hohes Eigengewicht und hielt dadurch den Stürmen besser stand. Aber der Gedanke, sich von der Windrichtung gänzlich unabhängig zu machen, war durch die Renaissance in die Welt gesetzt worden und ließ den Müllern trotz aller Enttäuschungen keine Ruhe mehr.

Auch Vertikalturbinen wurden immer wieder, meist mit kleinen Verbesserungen gebaut.

Als im Dreißigjährigen Krieg Hohentwiel belagert wurde, das über eine Turmwindmühle verfügte, die nicht in den Wind drehbar war, wurde in der Not 1641 eine Vertikalturbine mit gekrümmten Schaufeln hinter dem Festungswall errichtet, die bei allen Windrichtungen ihre Arbeit versah. Ein Kupferstich aus dem Jahr 1641 zeigt die Festung während eines feindlichen Beschusses mit den beiden Windmühlen. Wie wichtig die Windmühlen zu dieser Zeit in Mitteleuropa waren, geht auch aus den vielen Stichen von Städten hervor, in deren Silhouetten sich sehr häufig eine Windmühle oder gleich eine ganze Reihe verschiedener Windmühlen befindet. Ob in Düsseldorf, Stockholm oder Helsinki — überall standen Deutsche Bockwindmühlen oder Turmwindmühlen ähnlich der Holländermühle. Sie waren im 17. Jahrhundert eine äußerst wichtige Einrichtung, von der die Versorgung der Menschen mit Mehl und der Tiere mit Kleie abhing. Ebensooft waren sie für die Sicherung des Trinkwassers, für die Be- und Entwässerung und als Ölmühlen für die fetthaltigen Samen eingesetzt. Das Windrad war vom 14. Jahrhundert an die wichtigste, oft einzige Kraftmaschine der Menschen Europas. Die Frage, ob es gelingen wird, den Wind aus jeder Richtung zu nutzen, wurde mit zunehmender Bevölkerungsdichte immer bedeutender; denn das Brot war ja seit dem Beginn des Mittelalters ab wesentliche Volksnahrung, wobei das Getreide zunächst in Mörsern und Handmühlen, wie dies heute noch bei vielen Naturvölkern in Afrika geschieht, zerkleinert wurde. In den wachsenden Städten des Mittelalters richtete sich das Bäckergewerbe ein. Man benötigte Mehlmengen, die mit Handarbeit kaum noch aufzubringen waren. Städte brauchten das Mühlengewerbe. So wurde die in allen Windrichtungen arbeitende Windmühle immer wichtiger. Diese Forderung war es, die solange die unhandliche Deutsche Bockwindmühle am Leben erhielt, bis bei der Holländermühle eine sturmsichere Verbindung des Daches mit dem Mühlenhaus gefunden wurde. Und die Forderung nach immer längeren Laufzeiten der Mühlen war es, welche die Konstrukteure nicht ruhen ließ, auch die Vertikalturbine mit gekrümmten Schaufeln zu verbessern.

Im Jahr 1648 entwarf John Wilkins nicht nur eine Mühle mit einer solchen Vertikalturbine, sondern auch einen Kraftwagen mit dem gleichen Antriebsorgan. Die Anregung dazu erhielt er von Prinz Moritz von Oranien, der bereits 1599 einen Segelwagen besaß. Im Jahr 1670 war das Modell einer Vertikalturbine mit gekrümmten Schaufeln im Besitz des Prinzen Ruprecht von der Pfalz. Um 1696 betrieb ein solches Windrad in Westindien eine Zuckerrohrpresse, zu der eine Skizze bei Horwitz in seiner Arbeit „Technik-Geschichte" zu finden ist.

Im 17. Jahrhundert wurden die ersten echten Fortschritte bei der Vertikalturbine erzielt. Die Turbine erhielt ein Vorleitrad, das den Wind möglichst günstig den gekrümmten Laufschaufeln zuführte. Sie erhielt den Namen Polnische

Windmühle. Vermutlich wurde sie zuerst in Polen gebaut. Sie wurde 1699 in der Zeitschrift „Recueil des machines"/Heft 31 genau beschrieben und abgebildet.

Kapitän Hooker ging schon einen Schritt weiter. Er baute solche Mühlen in größeren Abmessungen und machte die Vorleitschaufeln verstellbar, so daß man die Luftzufuhr mehr oder weniger drosseln konnte. Die Mühle konnte dadurch auch bei der größten Windstärke mit der gewünschten Leistung in Betrieb bleiben. Damals nannte man sie übrigens nach der Lage der Flügel noch Horizontalwindmühle. Heute gibt die Lage der Windradachse den Namen für die Turbinenart, was eindeutiger ist.

Ausführliche Darstellungen und Literaturhinweise zur Vertikalturbine sind in Schubarths „Repertorium der technischen Literatur", Berlin 1856, zu finden.

Solche Vertikalturbinen arbeiteten zur Zufriedenheit ihrer Besitzer bis zum Ende des vorigen Jahrhunderts, weil sie absolut sturmsicher und reparaturarm waren, und weil die senkrechte Achse einen direkten Antrieb für die Mühlsteine ermöglichte – ohne Zwischen- oder Winkelgetriebe.

1862 wurde eine der wenigen Polnischen Windmühlen, die lange in Betrieb waren, von dem Hannoveraner Wolf verbessert, indem er die (im Bild gerade gezeichneten) Schaufeln aerodynamisch richtiger formte. Die Mühle erreichte natürlich trotzdem nicht einmal ein Drittel der Leistung eines Horizontalrades, ähnlich einer Bockwindmühle, da sie fast nur mit dem Windwiderstand arbeitete. Außerdem hatte diese Mühle nur eine sehr niedrige Drehzahl, da der äußerste Radius des Laufrades natürlich eine kleinere Umfangsgeschwindigkeit haben mußte als der Wind, wenn er diesem noch eine Leistung entnehmen wollte. Die Drehzahl lag bei etwa sieben bis acht Umdrehungen je Minute.

Die Suche nach anderen Möglichkeiten, sich von der Windrichtung unabhängig zu machen, ging auch Ende des 18. Jahrhunderts noch weiter. So kehrte der Engländer Beatson noch einmal zur Idee der Klappflügeln zurück. Ihn störte immer noch der Windwiderstand der gegenläufigen Radhälfte. Er war sich aber der Reparaturanfälligkeit von großen Klappflügeln völlig bewußt und so entwarf er eine Vertikalturbine mit acht Speichen zu je vier Klappflügeln, also mit insgesamt

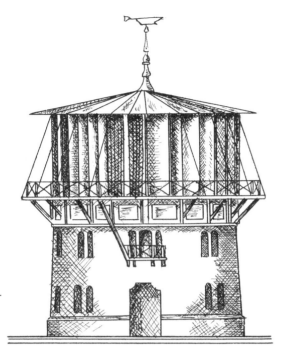

Polnische Vertikal-Wind-
mühle um 1862. Skizze
nach Rühlmann

32 schwenkbaren „Türen". Eine ähnliche Konstruktion mit
vier Speichen und je einem Klappflügel zeigte bereits das Bild
der Vertikalturbine von Veranzio. Durch die Verkleinerung
und Vermehrung der Klappen durch Beatson wurde aber das
Problem nur graduell entschärft. Das Projekt kam daher nicht
zur Ausführung.

Im 18. Jahrhundert begann das abstrakte mathematische
und physikalische Denken durch eine Reihe von Gelehrten
Allgemeingut zu werden. Das wirkte sich natürlich auch auf
die Ideen der Erfinder neuer Windradtypen aus. So war ein
Vorschlag von Rychlowski um 1800 interessant. Er zog die
Klappen durch Fliehkraftgewichte in radiale Lage und holte
sie mit einem Seilzugsystem örtlich in die Lage zurück, die
der günstigsten Windanströmungs-Richtung entsprach, ähnlich wie bei den üblichen Windradflügeln.

Rychlowskis Rad zeigt eine geniale Idee, die später in veränderter Form noch zu Ehren kommen sollte. Bei Betrach-
tung der Zeichnung stellt man fest, daß in der untersten Lage

der reine Widerstand zur Drehung im Uhrzeigersinn beiträgt, während mit Ausnahme der obersten Lage, wo praktisch keine Kräfte auftreten, alle anderen Stellungen eine Auftriebskomponente im Drehsinn zusätzlich zur Widerstandskomponente haben. Zur besseren Darstellung wurden die

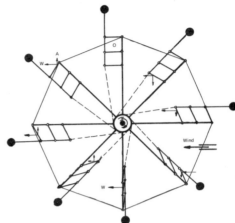

Vertikal-Windrad mit Fliehkraftgewichten nach Rychlowski, um 1800.

Kräfte an jedem Flügel eingezeichnet. Man sieht, daß auch der gegenläufige Teil des Rades zur Drehung und Leistungsabgabe beiträgt.

1829 erschien in Dinglers Journal das Bild einer romantischen Windmühle, bei der sich die vier Flügel während des Umlaufes um die senkrechte Welle wie Schmetterlingsflügel

Albans horizontale Windflügel nach Schmetterlingsart, 1829

84

öffneten und schlossen. Das Schließen geschah selbsttätig durch den Winddruck, das Öffnen durch Gewichte, noch bevor der Wind in die Segel fuhr, so daß die Bewegungen sanft waren. Im gleichen Jahr wurde in Rostock ein Modell erstellt.

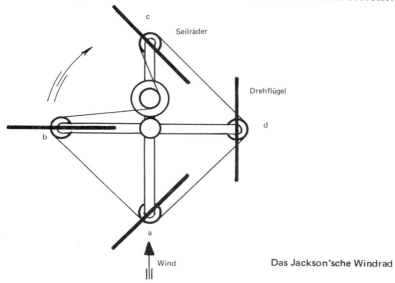

Das Jackson'sche Windrad

Als von Aerodynamik noch nicht die Rede war, erkannte im vorigen Jahrhundert Jackson, daß der Auftrieb an Flügeln effektiver als ihr Widerstand im Wind ist. Mit dieser Erkenntnis versuchte er, ein Windrad mit vertikaler Achse zu bauen, bei dem sich die Flügel durch einen einfachen Mechanismus während des Umlaufes von selbst in die richtige Stellung zum Wind bringen. Er ließ deshalb an der Welle eine Seilrolle mitlaufen und stimmte ihre Größe so mit dem Wellendurchmesser und den Seilrollen an den Flügelachsen ab, daß sich durch die Übersetzungsverhältnisse der einzelnen Räder eine Umdrehung der Flügel bei einer Umdrehung des gesamten Rades ergab. Damit schaffte er es, bei kontinuierlichem Umlauf der einzelnen Flügel die optimalen Anstellwinkel zum Wind zu erreichen. Das Bild zeigt deutlich, daß bei a der Antrieb des Flügels im Uhrzeigersinn wirkt, bei b der Widerstand, bei c wieder der Auftrieb. Bei d ist keine Drehkomponente vorhanden. Ersetzt man die geraden Flügel durch aerodynamisch hochwertige Profile, so kann man trotz der gegenläufigen Teile mit ihrem Luftwiderstand etwa 80 % der Leistung eines modernen Propellerflügels an Windmühlen erreichen. Ändert sich die Windrichtung, so muß man lediglich die mittlere Seilrolle nachstellen.

Nachdem das Jacksonsche Windrad kaum noch mit dem Luftwiderstand arbeitet, da ja nur der Flügel b vom Winddruck allein bewegt wird, während bei a und c der Wind wie bei einem Segel im „Vorbeigleiten" unter seiner mäßigen Abbremsung einen Teil seiner Energie abgibt, und zwar unabhängig von der Drehzahl, kann bei diesem Vertikalrad die Umfangsgeschwindigkeit größer als die Windgeschwindigkeit werden. Die Drehzahlsteigerung wird jedoch durch zwei Fakten begrenzt. Bei zu großer Drehzahl, die logischerweise nicht erreicht werden kann, käme der nachfolgende Flügel in eine Windzone, die ihre Energie bereits an den vorhergehenden Flügel abgegeben hat, wobei sich die Windgeschwindigkeit an dieser Stelle verminderte. Darin besteht ja überhaupt die Leistungsabgabe des Windes. Sie geht auf Kosten seiner Geschwindigkeit. So bekäme der nachfolgende Flügel kaum noch Energie ab und die Drehzahl und die Leistung des Rades würde sinken. Dieser Vorgang ist in der Tat die natürliche Drehzahl- und Leistungsregelung aller Strömungskraftmaschinen, wie wir schon wissen.

Bei der Jacksonschen Konstruktion gibt es noch eine weitere, ungewollte Drehzahlbremse, und zwar der Flügel in Stellung b, der quer zum Wind steht. Wird hier die Umfangsgeschwindigkeit größer als die Windgeschwindigkeit, so entstünde ein Gegenwind auf der Rückseite dieses Flügels, der dann die Anlage bremsen würde. Aber der Flügel muß natürlich bei seiner Umdrehung um sich selbst durch diese Stellung hindurch. Die Drehzahl dieses Vertikalrades ist also dahingehend begrenzt, daß bestenfalls die Umfangsgeschwindigkeit der Windgeschwindigkeit gleich wird.

Der Windturbine von Jackson muß deshalb soviel Interesse geschenkt werden, weil in ihr zum ersten Mal bewußt die Auftriebskraft des Windes beim Vorbeistreichen der Luft an einer schräg zur Windrichtung stehenden Fläche genutzt und begriffen wurde.

Die Auftriebskraft des Windes ist zwar seit langem in der Botanik bei allen geflügelten Samen, wie denen der Fichte, des Ahorns, der Zitterpappel usw. bekannt. Auch die Seeleute wußten, daß „hart am Wind", wobei der Wind nur einen kleinen Winkel zur Segelfläche einnimmt, die Schiffsgeschwindigkeit, je nach Tiefgang des Schiffes, größer als die treibende Windgeschwindigkeit sein kann. Dabei ist der Auftrieb am Segel so groß, daß das ganze Schiff stark krängt, also sich zur Seite neigt. Das wußte man aus Erfahrung, aber man machte sich keine physikalischen Gedanken darüber. Krängte das Schiff zu sehr, so daß die Gefahr des Kenterns bestand, so fiel der Rudergänger einfach vom Wind etwas ab und ließ die Segel leicht fieren. Damit korrigierte er die Kraftrichtung des Windes am Segel und damit auch am Mast des Schiffes. Das Schiff richtete sich wieder auf und fuhr einige Strich mehr steuerbord, wenn der Wind von Backbord blies.

Alle diese Möglichkeiten hat man auch am Jacksonschen Windrad. Man konnte durch die Verstellung der mittleren Seilrolle, über die Seile, die Flügel relativ zur Windrichtung beliebig verstellen, was mit der modernen Regeltechnik besonders leicht und abgestuft möglich ist. So konnte man die Drehzahl und Leistung verändern, ja das Windrad sogar rückwärts laufen lassen, wenn man die Flügel um 90° umsteuerte. Es gelang, das Rad auch dadurch stillstehen zu lassen, indem man die Flügel so ausrichtete, daß sie entweder keinen Auftrieb erzeugten, oder daß sich die Kräfte aller Flügel gegenseitig aufhoben.

Genau nach diesem Prinzip arbeitet der in der Schiffahrt bekannte Voith-Schneider-Propeller, eine Schiffsschraube mit vertikaler Achse mit vier senkrechten, schlanken, spatenähnlichen Flügeln. Durch die Einzelsteuerung der Flügel ist es möglich, jedem Flügel die gewünschte Wirkungsrichtung zuzuweisen und damit die Gesamtschubrichtung der Schiffsschraube zu bestimmen. Das Schiff kann somit ohne Ruder, allein mittels hydraulischer Verstellung der einzelnen Schaufeln angetrieben und gesteuert werden. Stattet man ein Schiff mit je einem Voith-Schneider-Propeller am Bug und am Heck aus, so kann man das Schiff sogar seitwärts fahren lassen. Diese Schiffsschraube findet vor allem bei Hafenschleppern, die sehr beweglich sein müssen, und in der Binnenschiffahrt, wie zum Beispiel auf dem Bodensee in Deutschland, aber auch in anderen Ländern Verwendung.

Als Windturbine findet die Erfindung von Jackson viel zu wenig Beachtung. Sie kommt wegen der teilweisen Verdeckung der Flügel der hinteren Radhälfte im Wirkungsgrad zwar nicht ganz an die modernen Windräder heran (sie erreicht nur 80 % davon), aber sie ist völlig unabhängig von der Windrichtung, hat ein ausgezeichnetes Anlaufvermögen und ist absolut sturmsicher, was man nicht von allen Windrädern sagen kann.

Eine ähnliche Windturbine hatte Buttenstadt mit 16 drehbaren Schaufeln im vorigen Jahrhundert vorgeschlagen. Aber erst die modernen Flügelprofile und die heutige Regeltechnik machen diese vertikale Windturbine zu einer interessanten Kraftmaschine. Man sollte sie im Auge behalten. Sie ist eine echte Alternative zur Amerikanischen Windturbine.

Nun ist auf den vorhergehenden Seiten immer wieder von der Auftriebskraft des Windes an einem Flügel gesprochen worden. Was ist das wirklich und wie kommt sie zustande? Um diesem Begriff etwas von seinem theoretischen Charakter zu nehmen, soll er an einem Beispiel, das jeder kennt und sofort verstehen wird, erklärt werden.

An einem Flugzeug sind die Flügel (Tragflächen) längs des Rumpfes so angebracht, daß sie ebenso wie der Rumpf selbst nahezu waagrecht während des Fluges liegen. Und trotzdem tragen sie das Flugzeug, obwohl der Wind von vorne kommt und nicht von unten. Das aber bewirkt der Auftrieb an den Flügeln, der so groß sein muß, daß er die Anziehungskraft der Erde auf das Flugzeug aufwiegt. Das Geheimnis für diesen mächtigen Auftrieb in der waagrecht vorbeistreichenden Luft ist, daß die Flügel eben nur fast, also nicht genau, in der Richtung des Gegenwindes stehen. Sie haben eine geringe ,,Anstellung" zum Wind um wenige Grade und besitzen außerdem ein im Windkanal entwickeltes Flügelprofil, bei dem neben der Auftriebswirkung (Druck) an der Unterseite der Tragflächen zusätzlich ein Sog auf deren Oberseite auftritt, der sogar zwei bis dreimal so stark ist wie der Druck auf der Unterseite. Dieser Effekt ist auf eine genau ermittelte Krümmung und Form des Flügelprofiles zurückzuführen und wird auch bei den Windradflügeln genutzt; denn auch dort soll ja die Kraftwirkung quer zur Windrichtung liegen.

Abgesehen von dem geringen Luftwiderstand solcher schlanken Flügelprofile wirkt die Hauptkraft an ihnen also im rechten Winkel zur Windrichtung, eben auf Grund des Auftriebes. Dieser Auftrieb ist so groß, daß z. B. das 119 Tonnen schwere Überschallflugzeug Concorde von insgesamt nur 150 Quadratmeter Flügelfläche getragen wird.

Gebetsmühlen und andere Kleinwindräder in Asien

Einige exotische Arten von Windmühlen, deren Aufgabe es *nicht* war, Wasser, Ölfrüchte oder Getreide zu mahlen, seien an dieser Stelle noch vorgestellt, beispielsweise Gebetsmühlen.

Die rituellen Formen des Gebetes weichen bei einigen Völkern sogar innerhalb ein und derselben Religion erheblich voneinander ab. Im buddhistischen Glaubensbereich hat besonders der Lamaismus in Tibet, in der Mongolei und in einem Teil Chinas das Beten intensiviert, ja geradezu mechanisiert. Nach seiner Vorstellung wird durch die Gebete, besonders wenn sie unaufhörlich verrichtet werden, eine fast unwiderstehliche Wirkung auf die Götter ausgeübt.

Die Forderung nach ständigem Beten zu erfüllen war nur wenigen, nahezu heiligen Mönchen gegeben. Der normale Sterbliche muß die meisten Stunden des Tages für die Sicherstellung seiner Lebensbedürfnisse verwenden.

Doch der Mensch ist findig. Er wird in jedem System nach Vorteilen ausschauen und sie nutzen. So auch hier: Mit Hilfe von Gebetsmühlen gelingt es ihm, die Anzahl der Gebete ohne sein unmittelbares Zutun um das Vielfache zu erhöhen. Ursprünglich benutzte man nur Handmühlen, die aus einer etwa zehn Zentimeter großen, oft silbernen Trommel bestanden. Auf einem hölzernen Stiel drehbar angebracht, besaßen die Trommeln ein Kettchen mit einem kleinen Gewicht, so daß sich durch das Hin- und Herbewegen der Hand die Trommel infolge der Fliehkraft zu drehen begann. Im Inneren lagen die Gebete, die ausnahmslos die sechs Silben enthielten: „Om mani padme hum", was mit „Das Kleinod im Lotos, Amen" übersetzt werden kann. Die Lotosblume – eine Wasserpflanze ähnlich unserer Seerose – ist die heilige Pflanze in Indien und Ostasien. Aus ihr soll der Gott Brahma entstanden sein, und Buddha wird auf ihr stehend oder sitzend dargestellt.

Oft werden auch heute noch solche und größere Gebetstrommeln reihenweise vor dem Haus aufgestellt, die dann von jedem Vorbeigehenden, der dem Besitzer wohlgesinnt ist, in Drehung versetzt werden. Das ergibt zwar sehr viele Gebete, die als gesprochen gelten, wenn die Bewegung der Schriftstreifen abgeschlossen ist, aber sie erreichen in der Summe noch nicht das Ideal eines unaufhörlichen Gebetes. Während der zeitlichen Lücken jedoch könnten sich die Götter wieder abwenden. Hier wurde der Wind zum großen Helfer (siehe Bild).

Eine solche Tibetanische Gebetswindmühle mit einem Durchmesser von 6 cm befindet sich im Völkerkundemuseum in Wien; sie wurde um das Jahr 1920 erworben.

Die Büchse mit den Gebeten erhielt drei gekrümmte Schaufeln und wurde in den Wind gestellt. Die Gebete selbst wurden mit einem Holzstempel in roter Farbe auf Papierstreifen gedruckt. Auch des Schreibens Unkundige konnten an der Einteilung erkennen, daß sie eine überaus große Zahl von Gebeten auf den Papierstreifen besaßen. Wenn eine Windgebets

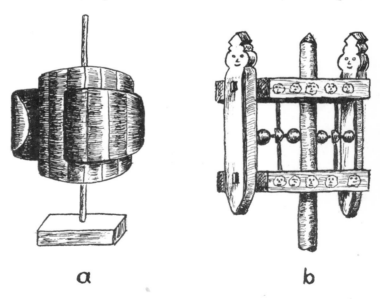

a   b

Buddhistisch-Lamaistische Gebetsmühlen: a Tibetanische Gebetsmühle, b Mongolische Gebetsmühle

mühle sich in der Minute nur fünfzigmal umdreht und ihre Trommel nur 100 Streifen enthält, so ergibt das in 25 Jahren eineinhalb Billionen Gebete. Das kommt wohl einem unaufhörlichen Beten gleich. Für die Menschen war das weit wichtiger als das Mahlen von Getreide, das man zur Not auch im Mörser zerkleinern kann; denn was wären sie in ihrer Armut ohne die Gunst ihrer Götter!

Die gekrümmten Schaufeln der Windgebetsmühle sind sicher ihre eigene Erfindung. Sie wußten von Veranzio nichts. Dagegen verwendeten die Mongolen für die Bewegung ihrer Gebetsstreifen das sogenannte Schalenkreuz mit vier kugelförmigen Halbschalen (siehe Bild), eine wohl auch von ihnen selbst erfundene Bauart. Die Gebetsstreifen waren auf Holzspulen aufgewickelt, die vom Wind mittels der Schalenkreuze gedreht wurden, wobei im oberen und unteren Kasten jeweils zwei Spulen untergebracht waren. Auch hier wurde zur Vermehrung der Gebete alles getan. Es wurde eine Windradform gewählt die unabhängig von der Windrichtung ist, und es wurden gleich zwei Schalenkreuze mit je zwei Spulen installiert.

In einem Reisebericht von Pallas in der zweiten Hälfte des 18. Jahrhunderts befindet sich die Zeichnung einer Windkraft-Gebetsmühle der Kirgisen zwischen der Sarpa und Wolga. Außerhalb der eigentlichen „Mühle" stehen Fahnen, die mit Gebeten beschriftet sind. Schalenkreuze bewegten die im Inneren aufbewahrten Gebetsstreifen.

Das Schalenkreuz als Meßgerät ist wahrscheinlich sogar eine der häufigsten wenn auch kleinsten Windradformen des 20. Jahrhunderts. Es ist ein Diener im Verborgenen. Man findet es sogar auf dem Gelände jedes Kernkraftwerkes, weil man dort, zur Überwachung der Radioaktivität, die meteorologischen Umweltverhältnisse genau kennen muß.

Jedes Land hat seine eigenen Probleme, bei deren Bewältigung die Windkraft helfen kann. Auf Sumatra dienen Windräder zum Schutz der Pflanzungen gegen Affen und Großkatzen. Vor allem da, wo Affenherden einfallen, bleibt oft nicht mehr viel heil. Es ist deshalb wichtig, sie von den Feldern fernzuhalten. Man tut dies am besten durch Lärm. Sie machen zwar selbst reichlich Lärm, aber vielleicht respektieren sie gerade deshalb das andere Lärmgebiet als den Bereich einer anderen Herde. Die Einwohner von Sumatra nutzen das aus, indem sie Windräder aufstellen, an denen Ratschen angebracht sind, die ununterbrochen klappern (siehe Bild). Der Palmwedel wirkt als Windfahne, die das Rad automatisch in die Windrichtung stellt. Nachdem die Insel 1508 von den Portugiesen entdeckt und um 1620 von den Holländern kolonisiert wurde, darf man annehmen, daß diese Windräder auf europäischen Ursprung zurückgehen, zumal Portugal und Holland zu den klassischen Windmühlenländern gehören.

Auf Sulawesi (Celebes) kommen ähnliche Windräder vor. Auch diese drittgrößte Sundainsel hat zuerst Portugal und dann Holland gehört.

Anders ist es mit der „Malaiischen Äolsflöte", die vor allem bei den Stämmen der Mantra und Besisi vorkommt (siehe Bild). Hier sind keine europäischen Vorbilder erkennbar. Das Rad besteht aus vier Doppelspeichen, an deren äußeren Enden vier Bambusrohre angebracht sind. Diese Rohre erhielten auf der einen Seite eine ebene Fläche, in deren Mitte ein Loch wie bei einer Flöte gebohrt wurde. Infolge des verschiedenen Luftwiderstandes der ebenen und der runden Seite beginnt sich das Rad zu drehen. Der Wind bläst nacheinander immer in das nächste Loch und bringt einen Flötenton hervor, dessen Höhe je nach dem Knotenabstand der einzelnen Bambusrohre variiert. Die Malaien stellten ihre Äölsflöten oft versteckt gegen Sicht auf Bäumen auf, so daß aus den betreffenden Wipfeln ein geheimnisvoller Flötenton zu vernehmen war.

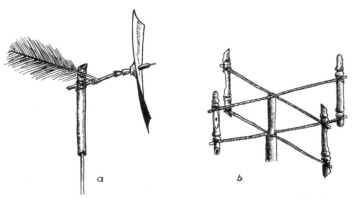

Windräder der Malaien: **a** Windrad mit Ratsche auf Sumatra, **b** Äolsflöte

Die Holländische Windmühle

Kehren wir wieder nach Europa zurück. Außer einigen wichtigen Erkenntnissen ist von den durch die Renaissance angeregten Windradformen nicht viel übrig geblieben. Die Praxis ging einfach darüber hinweg. Sie hielt sich mehr an das Erfahrungsgut. Der Mühlenbauer konnte sich keine Experimente leisten. Ihm wurden nur bewährte Mühlen abgekauft, die allerdings in vielem noch verbesserungsdürftig waren. Und da zeigt sich, daß die Renaissance doch ihre Spuren hinterlassen hat. Dem Mühlenbauer standen nunmehr Mathematiker und Physiker zur Seite, die den bisherigen Erfahrungen der Praktiker die theoretischen Zusammenhänge hinzufügten und so die Mühlenbauer zu Verbesserungen anregten.

Manches wurde zwar noch mißverstanden. So bauten, nach den Mitteilungen des Polytechnischen Zentralblattes von 1862, die städtischen Gaswerke von Ansbach in den Schornstein eine Luftturbine ein. Vermutlich lag eine Idee von Leonardo da Vinci zu Grunde: Um einen Bratspieß durch die Rauchgase in Drehung zu versetzen, hatte er ein Windrad, ähnlich der heutigen Kaplanturbine, in einen Kamin eingebaut, das von dem Auftrieb des Rauches über dem Feuer angetrieben wurde. Nachdem er für die Drehung des Bratspießes keine nennenswerte Leistung benötigte, wurde der Luftzug im Kamin kaum abgebremst, so daß die Anlage funktionieren konnte.

Das Gaswerk benötigte aber im Schornstein eine hohe Abgasgeschwindigkeit, um der Kohle durch den Sog des Kamins genügend Sauerstoff zur Verkokung zuzuführen. Man durfte also die Zugluft im Schornstein nicht dadurch abbremsen, daß man ihr mit einer Windturbine Leistung entnahm. Eigentlich wußten das die Gaswerk-Fachleute. Durch die doppelte Ausnutzung des Abwindes eine Art Perpetuum mobile schaffen zu wollen, entsprach aber zu sehr der damaligen technisch-abenteuerlichen Denkungsweise, als daß sie der Versuchung hätten widerstehen können. Die Patentämter erhalten ja noch heute alljährlich Anträge zur Patentierung eines Perpetuum mobile, obwohl so ein Antrag spätestens ab 1842, als Robert Mayer den Energie-Erhaltungssatz formulierte, schlicht als Unfug bezeichnet werden muß.

Im 17. Jahrhundert nahm sich als erster der großen Mathematiker jener Zeit Gottfried Wilhelm v. Leibniz (1646 bis 1716) der Windräder an. So wichtig waren sie damals. Ihm folgte 1738 Daniel Bernoulli (1700 bis 1782) mit seiner kinetischen Gastheorie, deren „Druckgleichung" später über manche Vorgänge beim Windradantrieb Aufschluß gab. Auch Smeaton, Maclaurin und Pavent machten sich verdient und endlich der Mathematiker Leonhard Euler (1707 bis 1783). Euler war es, der als erster die Verschränkung der Windradflügel berechnete, die notwendig ist, weil die Windgeschwindigkeit am ganzen Windrad gleich groß ist, während die Umfangsgeschwindigkeit des Flügels, von der Windradmitte zu den Flügelspitzen hin, sich linear steigert. Beide Strömungen zusammen ergeben die relative Anströmrichtung zur Windradebene, nach der die Flügelblätter ausgerichtet werden müssen, wenn sie dem Wind Leistung entnehmen sollen.

Die Mühlenbauer des 17. Jahrhunderts hatten natürlich ihre praktischen Erfahrungen mit dem Problem und verschränkten bei ihren Windrädern die Flügel entsprechend den erwarteten Drehzahlen. In Wirklichkeit stellten sich die Drehzahlen später nach der vorgegebenen Verschränkung ein, die der Holländer Limperch den Mühlenbauern in seinem Buch „Tower Windmill for Corn at Amsterdam" 1727 empfahl. Die Kluft zwischen der Theorie und den Praxiswerten wurde erst nach hundert Jahren allmählich geschlossen. Findige Köpfe haben im Lauf dieser Zeit an der Bockwindmühle eine Verbesserung nach der anderen angebracht.

Die Mühlen wurden fast gleichzeitig in ganz Mitteleuropa weiterentwickelt, — an der Ostsee, in Dänemark, Schweden, auf Sylt und vor allem in Holland. Die Holländer hatten zur Entwässerung ihres Landes den größten Bedarf an guten Windmühlen, die zuverlässig arbeiteten. So sind diesem Land auch die besten und brauchbarsten Konstruktionen zu verdanken.

Für die Holländer, genauer ausgedrückt, für die Niederländer waren die Windmühlen buchstäblich lebenswichtig. Vom 13. bis 19. Jahrhundert hat das Meer den Niederlanden trotz heftigster Gegenwehr der Einwohner rund 6 000 Quadratkilometer entrissen und eine noch größere Fläche zeitweilig unter Wasser gehalten, wobei es sich um Salzwasser handelt. Wenn man das weiß, begreift man, daß das Wort lebenswichtig nicht übertrieben ist.

Im 16. Jahrhundert hätte ein Luftbild während der Flut eine große Wasserfläche mit vielen Inseln gezeigt, und während der Ebbe größere Landflächen mit vielen Seen; denn ein Teil der Niederlande liegt bis zu sieben Meter unter dem Meeresspiegel, und das nicht nur im Deltagebiet von Maas, Rhein und Schelde. Eine solche geologische Lage erfordert einen ständigen Kampf mit dem Wasser; denn ob das Land „ertrinkt", also im zeitweise steigenden Grundwasser untergeht, entscheiden hier nur zehn oder fünfzehn Zentimeter.

Soviel man weiß, wurden die ersten Deiche in den Niederlanden im 8. Jahrhundert gebaut. Aber was helfen sie auf die Dauer, wenn das Meer über das Grundwasser Zutritt zu dem Land hinter den Deichen findet. Gewiß, man ließ während der Ebbe das eingedrungene Wasser wieder ins Meer zurücklaufen und schloß während der Flut die Schleusen. Drängte aber das Meer tagelang gegen die Deiche, so mußte man hilflos zuschauen, wie das Festland durch das Hochwasser der Flüsse unter dem Wasserspiegel verschwand. Es war ein unsicheres Leben, – bis der große Helfer kam.

Im Jahr 1408 lud Floris van Alkmade die Deichhauptleute von Delfland zur Besichtigung seiner Windmühle ein, die statt Getreide zu mahlen, Wasser in einen Kanal schöpfte. Rund 30 Jahre später stellten die Dörfer Groede, Kamp und Petten Windmühlen für die Wasserhaltung auf. Es dauerte noch hundert Jahre, bis diese Methode in immer größerem Maßstab angewandt wurde. 1546 ließ Graf Egmont zwei kleine Seen eindeichen und von Windmühlen „leermachen" und um 1564 das Egmonter Meer. Die Erfolge waren so überzeugend, daß man 1607 endlich beschloß, den 9 000 Morgen großen Beemster See trockenzulegen. Das geschah mit 43 Mühlen, die übrigens schon 1634 statt der Schöpfeimer Schraubenpumpen nach Archimedes antrieben. 1612 war der See trockengelegt und ein Jahr später wuchs auf dieser Fläche so viel Raps, daß alle Ölmühlen, die auch mit Windkraft arbeiteten, ein Jahr lang beschäftigt waren.

Im Jahr 1631 legte der damals berühmte Mühlenbaumeister Leeghwater mit 52 Windmühlen den Schermerpolder in vier

Jahren trocken und schlug 1648 die Trockenlegung des 1 350 Quadratkilometer großen Haarlemer Meeres mittels 160 Windmühlen vor. Die Kosten dafür erschienen der Regierung damals zu hoch. Das sollte sich durch riesige Schäden innerhalb von 200 Jahren bitter rächen. Die Eindeichung des Haarlemer Meeres 1850 ist, neben der fortschreitenden Trockenlegung der Zuidersee seit 1930, eines der wichtigsten Projekte für die Sicherheit Hollands gewesen.

So ist es mit Hilfe der Deichbauten und der Entwässerung durch Windmühlen bis Ende des vorigen Jahrhunderts gelungen, durch den Gewinn von 5 200 Quadratkilometer Land die Verluste durch das Meer wenigstens nahezu auszugleichen.

Die große Anzahl von Windmühlen, die also gar keine eigentlichen Mühlen im Sinne von Mahlmaschinen waren, sondern die vielfältigsten Arbeiten verrichteten, hat sicher das Landschaftsbild geprägt. Die Formen der niederländischen Mühlen sind ausgewogen. Das Baumaterial ist der Natur entnommen. So kommt es, daß sich die großen technischen Einrichtungen garnicht als solche ins Bewußtsein drängen, sondern sich in die Umgebung als reizvolle Akzente einfügen.

Die abgebildete holländische Mühle war eine weiterentwickelte Deutsche Bockwindmühle. Sonst hatten die damaligen Windmühlen in Holland noch nicht dieses Aussehen. Nur vereinzelt kam die Bockwindmühle schon im 16. Jahrhundert mit schwenkbarem Dach vor. Sie wurde vor allem in Flandern kultiviert und erhielt im Laufe des 16. Jahrhunderts allmählich das achteckige, nach oben sich verjüngende Haus. Das Dach wurde mit einem Gestänge in die Windrichtung gedreht. In Holland ist das auch heute noch die Regel, wenngleich es selbstverständlich auch Windmühlen gibt, die sich selbsttätig in den Wind drehen. Solche Konstruktionen kamen jedoch erst im 18. Jahrhundert auf. So baute 1780 Doinet eine Mühle, die sich von selbst in den Wind drehte.

Im 16. Jahrhundert wurde die Windmühle zum Symbol der Müllerei schlechthin, und nicht nur die Müller von Brügge und Gent führten eine Deutsche Bockwindmühle in ihrem Wappen. Das macht deutlich, daß die jetzige Form der Holländischen Mühle damals erst im Entstehen sein konnte.

96

Holländische Windmühle aus Zingst an der Ostsee aus dem 18. Jahrhundert (stand im Garten des Deutschen Museums in München)

Zu dieser Zeit waren die Flügel meist mit einer Segellein-wand bezogen, während die älteren Mühlenflügel noch mit Holzbrettern beschlagen waren. Der Schotte Meikle ersetzte 1792, nach Rühlmann, als erster die Segeltücher durch Jalousien, die sich selbsttätig bei stärkerem Wind öffneten und bei Nachlassen des Windes durch Federzug wieder schlossen. Wahrscheinlich waren solche Flügel ziemlich reparaturanfällig; denn erst im 20. Jahrhundert wurde diese Erfindung wieder aufgegriffen. Der Gedanke automatischer Steuerung breitete sich auch auf alle weiteren Mühlenteile aus.

1791 kündigte ein Sattler eine Windmühle an, die von allein sich in den Wind schwenkte und im vollen Gang ein- und ausgesegelt werden konnte.

Das Ein- und Aussegeln der Flügel während des Betriebes war eine große Erleichterung; denn es war gar nicht so einfach, eine umlaufende Mühle bei auffrischendem Wind anzuhalten, um je nach benötigter Windangriffsfläche einen Teil des Segeltuches von den Flügelflächen zu nehmen,beziehungsweise, bei nachlassendem Wind, wieder aufzubringen. So entwickelte man also Aufrollvorrichtungen für das Segeltuch, die mittels Seilzügen im Betrieb betätigt werden konnten.

Das 18. Jahrhundert brachte die meisten Neuerungen. Das drehbare Dach bekam man allmählich konstruktiv in den Griff. Auch die Flügelform wurde besser den aerodynamischen Forderungen angepaßt. Die ursprüngliche Deutsche Bockwindmühle verfügte anfangs nur über schräg gestellte, völlig ebene Flügelflächen. Die Erfahrung zeigte dann, daß leicht geknickte Profile eine höhere Leistung erbrachten.

Die technische Entwicklung der Holländischen Windmühle bekam auch dem Aussehen des Mühlenhauses recht gut. Die Notwendigkeit, es möglichst schlank zu halten, damit es nicht als Staukörper den Wind schon vor den Flügeln ableitete, führte zu einer eleganten, gefälligen Silhouette. Man könnte den Bau auch vom Ästhetischen her nicht ansprechender entwerfen! Ohne daß das bei der Gestaltung ein bewußtes Ziel gewesen wäre, folgt die Kontur des Mühlenhauses einem momentengleichen statischen Querschnitt (siehe Bild). Welche Mühe bereitet es dagegen heute, durch Vorschriften zu verhindern, daß moderne Zweckbauten, darunter Windräder und Sonnenkollektor-Anlagen, häßliche, monströse Gebilde werden.

In Westeuropa, vor allem in Holland mit seinen enormen Entwässerungsproblemen und an der deutschen Nord- und

Holländische Windmühlen bei Zaandijk in der Nähe von Amsterdam. Alter etwa 200 Jahre

Ostseeküste war eine Erhöhung der Leistung und besonders der Laufzeiten im Jahr dringender als etwa in Rumänien. So wurden hauptsächlich im 18. Jahrhundert die Deutsche Bock-windmühle und die Holländische Windmühle modernisiert, wobei die holländische Art wegen der schlankeren Bauart und des kleinen schwenkbaren Daches allmählich die Oberhand bekam. Das Hauptaugenmerk richtete sich nunmehr auf die Neugestaltung der Flügel, deren Wirkungsgrad sich in tausend Jahren kaum verbessert hatte: sie wurden der Länge nach leicht geknickt (näheres erfahren wir später beim La Cour-Flügel) und außerdem verschränkt.

Die Verschränkung der Flügelflächen ist deshalb notwendig, weil das Windrad in der Nähe seiner Achse fast nur dem natürlichen Wind ausgesetzt ist, während es an den Flügelspitzen zusätzlich von dem Gegenwind seiner Umdrehungsgeschwindigkeit getroffen wird. Auf die Flügel wirkt also an jeder Stelle eine andere Windrichtung und eine andere relative Windgeschwindigkeit. Wie wir aber heute vom Flugzeug her wissen, soll die Richtung der Tragflächen von der Anströmungsrichtung des Windes nur um einige Grade abweichen, um einen möglichst großen Auftrieb zu erhalten. Und die Auftriebsstärke bestimmt beim Windrad die Leistung.

Für diese Verschränkung hatten, wie schon erwähnt, Bernoulli 1738, Smeaton 1752 und Euler 1756 die genauen rechnerischen Unterlagen ermittelt. Auch der bekannte Physiker Coulomb ließ in Lille 1821 Versuche an großen Windmühlen zur Auffindung der günstigsten Verschränkung der Flügel durchführen. Wir begegnen hier sozusagen der ersten Windenergie-Versuchsanstalt.

Bis die Holländische Windmühle ihre heutige Form hatte, mußte noch vieles erprobt werden. Und nicht alles hat sich bewährt. So wurde im Jahre 1680 am Billemer Meer eine Mühle mit doppelten Flügeln gebaut, die vermutlich ein Windrad auf der Luvseite des Mühlengebäudes und eines auf der Leeseite auf der gleichen Welle hatte. Der Erfolg mußte niederschmetternd sein, da das Rad auf der Leeseite nur in dem Wind arbeitete, der schon durch die Leistungsentnahme des Vorderrades abgebremst war. Nachdem aber, die Leistung sich mit der dritten Potenz der Windgeschwindigkeit ändert und der Wind hinter dem Windrad nur noch ein Drittel seiner ungebremsten Windstärke hat, bleibt für das Hinterrad nur noch ein Siebenundzwanzigstel der Leistung des Vorderrades übrig. Dafür lohnt sich der Aufwand nicht. Der Versuch wurde auch nie mehr wiederholt.

Im Jahr 1544 wurde auch einmal eine Mühle mit acht Flügeln gebaut und von Seb. Münster in seiner Baseler „Kosmographie" abgebildet.

Aber ein solches großflächiges Windrad taugt eben nur für windschwache Gebiete, zu denen die Meeresküsten mit Sicherheit nicht gehören. Für den Sturm können wiederum die Angriffsflächen gar nicht klein genug sein. Das Optimum dieser Mühlenart scheint tatsächlich bei vier Flügeln zu liegen; denn von der französischen Küste über Holland, Norddeutschland und die Ostsee bis Leningrad findet man – abgesehen von den modernen Windturbinen – fast ausschließlich vierflügelige Windräder.

Es ist deshalb besonders reizvoll, die Holländische Windmühle mit der Bockwindmühle zu vergleichen. An der Holländermühle hat sich mit Ausnahme einer automatischen Selbsteinschwenkung in den Wind seit 200 Jahren kaum noch etwas geändert, was auf den ersten Blick festzustellen wäre. Die gezeigten Mühlen bei Zaandijk sind tatsächlich 200 Jahre alt, auch wenn sie so adrett aussehen, als ob sie gerade erst aufgestellt worden wären. Die Niederländer pflegen sie, wie alles andere auch. Solche Mühlen stehen heute noch reihenweise an den Kanälen, um die Polder, das seit Jahrhunderten eingedeichte Marschland, trocken zu halten.

Etwa 75 Windmühlen erfüllen hier heute noch ihre Aufgabe der Wasserhaltung, auch wenn elektrisch angetriebene Wasserpumpen zum gleichen Zweck eingesetzt werden. Die Wirtschaftlichkeit dürfte sich durch die Erhöhung der Preise für die Brennstoffe, die zur Gewinnung des elektrischen Stromes herangezogen werden, wieder zu Gunsten der Windmühle wenden.

Um Raum und eine bessere Leistung zu erhalten, setzten die Holländer die ganze Mühle auf ein Holzhaus und umgaben den eigentlichen Mühlenturm am unteren Ende mit einer Galerie, so daß die Flügel für die Wartung und Pflege gut erreichbar waren, aber sonst niemanden gefährdeten. Von der Galerie aus wurde auch der Turm mit dem Windrad in die richtige Windrichtung eingeschwenkt. Automatische Schwenkvorrichtungen, z. B. mit Windrosetten findet man sehr selten. Vermutlich verzichtet man meist deshalb darauf, weil die Winde überwiegend aus Westen wehen.

Holländische Wippmühle
als Poldermühle, mit
einem Windraddurchmesser
von 26 Meter. Erbaut
im Jahre 1600 (restauriert)

Nicht nur die unweigerlich auf uns zukommende Energie-
knappheit sondern auch das allgemeine kulturhistorische
Interesse hat viele Länder wie Frankreich, Belgien und
Deutschland zum Überdenken der Pflege und Erhaltung der
noch bestehenden Windmühlen angeregt. Doch in keinem
Land wird mit so viel Sachkenntnis und Aufwand die Re-
staurierung wertvoller Windmühlen vorangetrieben wie in
Holland, vor allem durch den Verein „De Hollandsche
Molen".

So ist der Bestand an Windmühlen in den Niederlanden
insgesamt wieder auf 936 Stück (Stand 1. 5. 1976) angewach-
sen und es gibt eine reichhaltige Literatur über die Mühlen
der 11 Provinzen und über deren Zustand. Das Überraschende
ist dabei die Vielfältigkeit der Formen der Mühlenhäuser.
Von der Bockwindmühle, Wippmühle (siehe Bild), Köcher-
mühle, Turmwindmühle mit mehr oder weniger Stockwerken,
meist aus Stein gebaut, bis zu den von uns als klassisch empfundenen, achtkantigen hölzernen Mühlen mit Haubendach
finden wir heute noch alle Typen in vielen Varianten.

Die historische Wind-
mühle zu Sanssouci
von 1737 (Modellfoto,
Deutsches Museum
München)

Die Holländischen Mühlen sind nicht ohne Grund oft aus Holz gebaut. Man ist auf eine Leichtbauweise angewiesen, da die Polder ein Baugrund mit nur geringer Tragfähigkeit sind; denn unter der Erde kommt ja meist gleich das Grundwasser.

In Deutschland mit seinem meist tragfähigen Untergrund wurden viele Mühlen aus Stein gebaut. Schon um 1531 stand eine steinerne Mühle in Köln, wie sie ein Holzschnitt des Stadtbildes von Anton Woensones zeigt. Auch die zu Unrecht wegen einer angeblichen Meinungsverschiedenheit zwischen König und Müller berühmte Mühle von Sanssouci (siehe Bild), eine sogenannte Turmwindmühle, hat einen steinernen Unterbau. Sie war eine der damals gängigen Getreidemühlen. Der Vater Friedrichs des Großen hatte sie im Jahr 1737 dem Müller Grävenitz im Potsdamer Park zur Aufstellung genehmigt. Einen Streit darum hat es nie gegeben. Aber man sieht, daß eine werbewirksame kleine Skandalgeschichte nicht nur einen Menschen, sondern auch eine Mühle berühmt machen kann.

103

Steinerne Mühle an der
Stadtmauer von Xanten

Turmwindmühlen sind bekanntlich keine Mühlen, die auf einem Turm montiert sind, sondern Mühlen, denen man aus mannigfachen Gründen ein Untergeschoß gegeben hat. Die Windmühlen standen ja oft zwischen den Häusern, so daß das Windrad über den Windschatten der Gebäude verlegt werden mußte. Dadurch rückte es gleichzeitig aus der Gefahrenzone für Mensch und Tier. Durch das Untergeschoß erhielt man außerdem die gewünschten Betriebs- und Lagerräume, während das Windrad selbst die windreichere Höhenströmung nutzte.

Solche Überlegungen hatte schon Ramelli im 16. Jahrhundert angestellt. Im 18. Jahrhundert waren in Mitteleuropa Turmwindmühlen wie die so bekannte von Sanssouci in Potsdam keine Seltenheit. Sie arbeiteten in England ebenso selbstverständlich wie in Holland und Deutschland. Als „Denkmäler" erhalten werden derartige Mühlen z. B. in Xanten, aber auch in Främmestad und Stockholm, die 1727 schon Limperch beschrieb.

Ostfriesische Windmühlen in der Gegenwart

Die Holländermühle muß natürlich nicht in Holland stehen. Sie ist vielmehr ein Bautyp und wurde auch an der deutschen Nord- und Ostsseküste von den Friesen und weiter landeinwärts übernommen. Hier wurden sie sogar häufig aus Stein, aber ebenso elegant in ihrer Form gebaut und öfter mit zwei seitlichen Windrosetten versehen. Die kleinen seitlichen Windräder liegen im rechten Winkel zum Hauptrad. Ändert sich nun die Windrichtung, so werden die seitlichen Rosetten vom Wind angetrieben und sie beginnen sich zu drehen. Dadurch schwenken sie über einen Zahnkranz das Hauptwindrad in die neue Windrichtung, wobei sie sich selbst aus der Windrichtung drehen und wieder stehen bleiben. Die Erfindung stammt aus der Mitte des 18. Jahrhunderts von dem Engländer Lee. Sie wurde fast zu gleicher Zeit von Doinet (1780), von Fleury und Castelli entwickelt. Wenn eine Erfindung „fällig" ist, entsteht sie eben fast zur gleichen Zeit unabhängig voneinander in verschiedenen Ländern.

In den meisten Ländern der Bundesrepublik Deutschland hat man über den derzeitigen Mühlenbestand der Länder Niedersachsen, Hamburg, Bremen und Schleswig-Holstein keine rechte Vorstellung. In den Stadtstaaten Hamburg und Bremen existieren jedenfalls nur einige wenige Windmühlen. Soweit sie nicht verfielen, wurden sie ein Opfer von Stadtplanungen, Straßenbauten und Industriegebieten. Auch in Niedersachsen ist ihre Anzahl heute sehr gering. Etliche Mühlenhäuser wurden hier mit hohem Aufwand zu romantischen Wohntürmen umfunktioniert.

Von Schleswig-Holstein liegen jedoch dank der Arbeit des Vereins zur Erhaltung von Wind- und Wassermühlen genaue Unterlagen vor. Danach standen 1976 noch 68 Windmühlen im Lande — allerdings waren nurmehr 10 im Betrieb. 15 dienen als Wohnung der Eigentümer, 16 wurden zu Gaststätten umgebaut und die restlichen 27 zu Museen hergerichtet und restauriert.

Bis sie eines Tages womöglich zu neuem Leben erweckt werden, bleiben sie als Kulturdenkmäler von hohem sozial- und technikgeschichtlichen Wert erhalten, die uns einen tiefen Einblick in den so selbstverständlichen Umgang mit dem Wind geben, der in den vergangenen 500 Jahren zum Stand der Technik gehörte.

Die abgebildete Windmühle Reitbrook ist eine ausgereifte Kraftmaschine mit angebauter Wohnung und Werkraum.

Windmühle Reitbrook bei Hamburg

Am Ende dieses Kapitels muß noch eine parallele Entwicklung in Frankreich nachgetragen werden, die wohl ihre Impulse aus dem flandrischen Gebiet des Landes erhielt und damit von holländischen Einflüssen nicht frei sein wird. Doch in Frankreich entstanden eigenständige Formen.

Die Turmwindmühlen, um die es sich hier handelt, stehen in großer Anzahl, jedoch meist nicht in sehr gutem Zustand, in oder bei Orten in Nordfrankreich und sind ein imposantes Spiegelbild französischer Individualität.

Es gibt zwar auch noch Überreste von sowie auch einige relativ gut erhaltene Bockwindmühlen; aber die steinernen Turmwindmühlen, wie sie die beiden Bilder zeigen, überwiegen an der Loire und in der Normandie. Ihr Typ geht mindestens in das 16. Jahrhundert zurück. (Vor dieser Zeit beherrschte die Bockwindmühle die Mühlenlandschaft.)

Mühlen in Nordfrankreich: Oben ,,de petit Claye'' an der Loire (18. Jahrhundert), rechts ,,de Clone'' in der Normandie (16. Jahrhundert). Nach Zeichnungen von G. Petitfils

Andere Windräder in Europa und Amerika

Im 19. Jahrhundert konzentrierte man sich fast nur noch auf die Verbesserung der Flügelformen. Die Flügelverschränkung war schon Selbstverständlichkeit geworden, wenngleich sie auch immer noch mehr nach Geheimrezepten als nach den schon vorliegenden exakten physikalischen Erkenntnissen vorgenommen wurde. Aber die Ungenauigkeiten waren gar nicht so schwerwiegend; denn die Verschränkung war sowieso nur für eine bestimmte Windstärke optimal. Jede Windstärke erfordert ihre eigene Verschränkung, da sich die Drehzahlen des Windrades nicht linear mit der Windstärke ändern. Dadurch ändert sich natürlich das Verhältnis der Windstärke zur Umfangsgeschwindigkeit des Rades und somit auch die Anströmungsrichtungen entlang der Flügel. Wie wir aber schon wissen, sollen die Flügel nur um wenige Grade gegen die relative Windrichtung angestellt werden.

Der Franzose Durand versuchte diesem Problem noch einmal mit Segeln, die die Form von Vogelflügeln hatten, beizukommen. Seine Erkenntnis, daß sich Segel dem Winddruck entsprechend selbsttätig und optimal verformen, ist bis zu einem gewissen Grad richtig. Aber es ging allmählich um eine höhere Präzision. Die Zeit der technischen Abenteuerlichkeit war vorbei. Das mußte Durand selbst eingesehen haben; denn er kam bald darauf mit dem einzig zweckgerechten Entwurf heraus, die Flügel um ihre Längsachse drehbar zu gestalten.

Erster Drehflügel aus Blech, Konstruktion von Durand, um 1860. Der Flügel wird mittels eines Gestänges je nach Windstärke mehr oder weniger gedreht.

108

Damit schuf er die Voraussetzung für alle modernen Windturbinen. Sie sind wegen der hohen Drehzahlen ohne Drehflügel überhaupt nicht denkbar, noch dazu bei den hochgezüchteten und strömungsempfindlichen modernen Flügelprofilen.

Daß eine Windmühle wie kaum eine andere Kraftmaschine absolut umweltfreundlich ist, kann mit Genugtuung bemerkt werden. Keine Abgase, keine verschmutzten Abwässer, keine Chemikalien, keine Abwärmeprobleme, kein Verbrauch unwiederbringlicher Stoffe und Energievorkommen, kein ökologischer Eingriff in die Natur, kein Abfall, kein Lärm! Das sind Gründe genug, Windkraftaggregaten dort, wo es sinnvoll ist, wieder mehr Aufmerksamkeit zu schenken. Man könnte sich fast nach einer Zeit sehnen, wo Windenergie die am meisten genutzte Energieart wäre. Aber tun wir es lieber nicht. Unsere hohe Bevölkerungsdichte verlangt, wenigstens in den Städten, eine ganz andere Größenordnung und Qualität der Energie.

Nicht der auf uns zukommende Energiemangel, sondern die noch in den meisten Staaten der Welt geübte Bevölkerungspolitik wird zur Katastrophe führen. Hier wirkt sich der Verstand des Menschen gegen ihn selbst aus. Für das Tier ist die Umwelt mit ihrer Ernährungsgrenze das Regulativ seiner Vermehrung. Der menschliche Geist findet immer wieder Auswege, um diese natürliche Begrenzung zu umgehen und schafft immer intensivere Wege, um auch noch an die verstecktesten Energievorkommen zu gelangen. Nach den Landflächen wird er die Meere und zuletzt die Luft ausplündern, was ja schon begonnen hat. Und dann?

Werfen wir noch einen kurzen Blick über unseren ganzen Planeten, um festzustellen, daß es nicht einen Erdteil gibt, auf dem nicht Windräder irgendeiner Bauweise in Betrieb sind, und zwar auch heute noch in weit höherem Maß, als gemeinhin bekannt ist. Es seien einige Beispiele aus der Vergangenheit und der Gegenwart erlaubt, darunter Beispiele für völlig unerwartete Anwendungsgebiete.

So hat, nach Feldhaus, der französische Gutsbesitzer Lassise im Jahr 1726 bei der Pariser Akademie einen Seilpflug als Entwurf vorgelegt, der mit einem Windrad angetrieben werden sollte, das sich selbsttätig in den Wind stellt, und zwar mit Hilfe einer großen Wetterfahne. Die Anlage glich etwa einer heutigen Drahtseilbahn, wobei die Bergstation seitlich verfahren werden konnte.

Fast unglaublich mutet es an, daß ein 1742 von Martin Peltier erbauter Flußbagger jahrelang zur Vertiefung der Weser in Bremen mit Erfolg gearbeitet hatte, der als einzigen Antrieb über ein vierflügeliges Windrad verfügte. Mit einer entsprechenden Untersetzung der Drehzahlen können auch einige wenige Kilowatt erstaunliche Kräfte aufbringen. Bedenkt man, daß Bagger wohl den härtesten Betriebsbedingungen, die es gibt, ausgesetzt sind, so erhöht sich noch der Respekt vor der Leistung des Peltier-Baggers; denn die dreifache Drehzahlübersetzung erfolgte nur über hölzerne Stirn- und Kegelräder, deren Zähne aus Hartholz einzeln geschnitzt werden mußten. Der Bagger selbst bestand aus einem Balkenfachwerk, das oben die Windradwelle aufnahm, die über die Übersetzung das eigentliche Baggerrad antrieb, dessen Durchmesser etwa acht Meter betragen haben mochte. Das Baggergut wurde wie heute direkt in Boote geleert. Von diesem Bagger existiert im Stadtarchiv von Bremen ein Bild, nach dem die nebenstehende Zeichnung gefertigt ist.

Im Museum in Amsterdam liegen noch zwei weitere Zeichnungen von Naßbaggern auf. Davon beschreibt die eine die Konstruktion eines wie oben beschriebenen Baggers. Eine andere Zeichnung gibt einen Bagger mit einer Vertikalturbine mit gekrümmten Schaufeln wieder, – eine Konstruktion also, die von der Windrichtung unabhängig ist.

Allgemein kann festgestellt werden, daß Windmühlen, ob zur Wassergewinnung oder zum Getreidemahlen, nicht nur auf dem flachen Land, sondern auch in großer Anzahl an den Rändern oder auf Erhebungen der Städte standen. Im 17. Jahrhundert tauchen sie fast auf allen Stadtplänen auf. In London arbeitete hinter der Westminster Abbey noch eine Windmühle, als die Stadt schon eine Million Einwohner zählte.

Im vorigen Jahrhundert waren in Paris auf dem Montmartre noch mehrere Windmühlen in Betrieb, die der Maler Utrillo (1883 bis 1955) nach Jugenderinnerungen in mehreren Bildern festhielt.

110

Im Jahr 1621 wurde die Holländisch-Westindische Handels-gesellschaft gegründet, die bald darauf einen Statthalter auf der Insel Manhatten einsetzte und den Stützpunkt Neu Amsterdam, das heutige New York, errichtete. Auf einem Holz-schnitt aus dieser Zeit, der sonst Befestigungsanlagen und ein paar armselige Häuser erkennen läßt, prangt eine Deutsche Bockwindmühle. Das dürfte die erste Windmühle des neuen Erdteils gewesen sein.

Aus dem Kontinent Amerika sind die Nachrichten über Windmühlen, die älter als 150 Jahre sind, sehr spärlich. Die Eroberungskämpfe ließen nur selten solche Investitionen zu. Aber es gibt eine Zeichnung über das französische Fort Rémi in Kanada um 1750, in der als Eckturm der Schutzmauer eine Turmwindmühle gezeigt wird.

In der Zeitschrift Sc. American von 1901 wird von einer Windmühle in Nebraska aus dem Jahr 1860 berichtet. Da die

Flußbagger von
Martin Peltier, 1742

sogenannte Amerikanische Windturbine noch nicht erfunden war, muß es sich um eine Mühle nach Holländer-Art gehandelt haben, wie sie z. B. auch heute noch auf der Halbinsel Cape Cod im Staat Massachusetts arbeitet.

Im Jahr 1976 hat der Amerikaner Volta Torrey ein Buch „Wind Catchers" herausgegeben, das über die Verbreitung der Windmühle in Nordamerika etwas Licht bringt. Er hat u. a. Unterlagen über eine von den Spaniern nach der Stadtgründung von Merida im Jahr 1542 im Staat Yucatan (Golf von Mexiko) errichtete Windmühle gefunden, die danach älteste dieses Kontinents. Auch spanische Missionsgebiete in Kalifornien besaßen neben Sklaven bereits im 17. Jahrhundert Windmühlen zur Verarbeitung des Zuckerrohres. Man hielt damals den Wind für zuverlässiger als Sklaven!

Am Lawrence-Fluß in Kanada drehte sich schon 1629 eine Windmühle und am Mississippi um 1700. An der windreichen Küste des Gulf of Maine und in Long Island häuften sich im 18. Jahrhundert die englischen Windmühlen. Auf Rhode Island sind sie sogar schon um 1639 und in Newport um 1663 eingeführt worden. Am Ende des 18. Jahrhunderts sind in den USA Windmühlen in etwa 20 Staaten nachweisbar, wobei naturgemäß im Süden mehr spanische und in den Mittel- und Nordstaaten mehr holländische mit englischem Einfluß vorherrschten. Um 1850 wurden 15 Prozent der Gesamtenergie aus dem Wind bezogen.

Englisch beeinflußte große
Holländer-Windmühlen um
1820 in den USA
(East Hampton, Long Island)

Dabei hatte es die sogenannte Amerikanische Windturbine, die ab 1870 in großen Stückzahlen hergestellt wurde, noch garnicht gegegeben, die später schnell ihren Weg in alle Kontinente antrat. Sogar im Urwald des Amazonas, so u. a. auch bei Manaus, verrichtet sie heute noch ihre Arbeit.

Von Argentinien nimmt man an, daß die Spanier zwischen dem 16. und 18. Jahrhundert Windmühlen des Mittelmeertyps errichtet haben. Um 1870 stand eine Holländermühle in der Provinz Entre Rios und einige weitere davon gab es nahe Buenos Aires.

In Bolivien sind Windmühlen recht häufig für die Bergwerke eingesetzt worden.

Im 16. Jahrhundert sorgten die Portugiesen in Brasilien für den Einsatz von Windmühlen. So wurde im Jahre 1576 bereits eine Mühle in Carioca erwähnt. Auch auf dem Plan der Stadt Rio Grande aus dem Jahr 1700 sind 2 Windmühlen dargestellt, und 1808 hatte die Stadt Rio de Janeiro die Genehmigung zum Bau von 6 Windmühlen erteilt. Dabei handelte es sich um Turmwindmühlen mit Dreiecksegeln, wie sie heute noch in Portugal anzutreffen sind.

Der Molinologe Jannis C. Notebaart hat auf Grund seiner Forschungen viele Karten über die Verbreitung von Windmühlen und ihren Arten aufgestellt. Hier eine solche Karte über Europa:

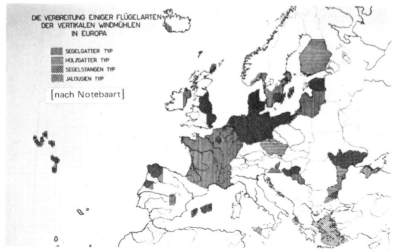

DIE VERBREITUNG EINIGER FLÜGELARTEN DER VERTIKALEN WINDMÜHLEN IN EUROPA

SEGELGATTER TYP
HOLZGATTER TYP
SEGELSTANGEN TYP
JALOUSIEN TYP

[nach Notebaart]

Notebaart mit seinen weltweiten Verbindungen als holländischer Botschafter konnte überdurchschnittlich viel in Erfahrung bringen. Er berichtet über Afrika u. a., daß die Franzosen zu Beginn des 19. Jahrhunderts in Ägypten einige Windmühlen bauten, die aber nach ihrem Abzug wieder zerstört wurden. In Algerien ist nur eine Mühle in spanischer Bauweise bei Oran bekannt.

Fast überall, wo brauchbare Windverhältnisse vorliegen, gibt es auch Windmühlen. Auf den kanarischen Inseln haben sie einfache Holzgittermasten; sie erinnern etwas an den kretischen Typ. Aber auch steinerne Turmwindmühlen, ähnlich denen in der Ägäis, kommen vor, z. B. auch auf den kapverdischen Inseln (Ende des 18. Jahrhunderts).

Auf Madeira sind die Windmühlen ausgestorben, während auf Porto Santo von den vielen Mühlen, die bis 1603 zurückzuverfolgen sind, noch einige existieren.

Auch in Libyen hat es im 19. Jahrhundert einige gegeben, die jedoch den 2. Weltkrieg nicht überstanden haben. Aus Marokko liegt nur eine einzige Nachricht über 2 Windmühlenruinen vor.

In Südafrika sind Windmühlen dagegen recht häufig. Die erste dürfte von Holländern um 1657 erbaut worden sein. Es handelte sich dabei meist um Turmwindmühlen aus Stein, die etwas gedrungener als die europäischen sind. In Betrieb sind nicht mehr allzuviele. Sie wurden von der billigeren Amerikanischen Windturbine abgelöst und neuerdings auch durch moderne Propeller.

Viel weiter als in Afrika läßt sich in Rußland und dem vorderen Asien das Vorkommen von Windmühlen nachweisen. Die älteste Windmühle Rußlands stand meines Wissens bei Riga im Jahr 1330. Es war eine Bockwindmühle. Dieser Typ hatte sich über Estland, Weißrußland, die Ukraine bis nach Westsibirien ausgebreitet. Ab dem Beginn des 19. Jahrhunderts finden sich dort immer mehr Holländermühlen.

Bekanntlich hatte Zar Peter der Große in den Jahren 1697 und 1698 in Holland den Schiffsbau als Zimmermann erlernt und auch an dem Bau einer Holländischen Windmühle teilgenommen. Das mag der Grund sein für den Bau dieses Mühlentypes, vor allem in Mittelrußland. Er ist auf vielen Städtebildern zu finden.

Die Windmühlen in Afghanistan, die mindestens bis in das 6. Jahrhundert zurückgehen, wurden ebenso wie die chinesischen schon erwähnt.

Aus Indien existiert eine bemerkenswerte Überlieferung über eine Windmühle aus dem Jahre 1320, aus der Zeit des Sultans Hosran Han Nasir ed Din, bei der man wohl ausschließen kann, daß diesem Bauwerk ein europäischer Typ zugrundeliegen könnte.

In Israel sind in der Zeit von 1190 bis heute immer vereinzelt Windräder in Betrieb gewesen. Die ersten sollen von den Kreuzrittern während der Belagerung von Akkon dort erbaut worden sein. Sie waren für die Verpflegung des Heeres von großer Bedeutung. Auch aus dem 13. Jahrhundert liegt eine Nachricht von Kreuzfahrern über eine von ihnen errichtete Windmühle bei Sophet vor.

Auf das Vorkommen von Windmühlen verschiedener Bauarten in Persien wurde schon eingegangen. Sie stehen manchmal bis zu 50 Stück an einem Ort zusammen. Länder mit solcher Tradition werden sich nach dem Ausfall des Erdöles leichter tun, mit der Energienot fertig zu werden.

In Syrien beschränken sich die Überlieferungen auf einige wenige Windmühlen aus dem 13. Jahrhundert, die von den Kreuzrittern im Norden des Landes errichtet wurden.

Die Windmühlen der Türkei aus dem 15. Jahrhundert bei Istanbul, bei den Dardanellen und an der anatolischen Westküste lehnen sich an den griechischen Typ an.

Binnenländer waren in der Regel keine Windmühlenländer. Das änderte sich erst, als am Ende des vorigen Jahrhunderts die preiswerte Amerikanische Windturbine aufkam. Und doch finden wir, wie in Rumänien, auch in Ungarn Windmühlen, die so gebaut sind, als wären sie nur für die baumlose, fast 100 000 Quadratkilometer große Puszta und Heide entworfen worden. Eine hohe, schlanke Mühle würde in dieser weiten Ebene sehr störend wirken. Ein so sicheres Gefühl für

Skizze einer ungarischen Windmühle; rechts Gestänge zum Ausrichten der Achse

das, was der Landschaft entspricht, ist uns leider heute im hohen Maß verloren gegangen.

Zugegeben, es ist heute schwieriger als früher, so instinktiv zu ansprechender Gestaltung von Windkraftmaschinen zu kommen, weil sich die Möglichkeiten vervielfacht haben, die zur Wahl stehen. Häufig sind „schöne" Lösungen zugleich weniger wirtschaftlich. Dazu kommt die Folge der progressiven Frage: „Warum kann man nicht alles anders machen?" Diese Fragestellung hat natürlich ihre positiven Seiten, sollte aber immer von der Frage kontrolliert werden: „Warum machte man es früher gerade so?". Erst die Abwägung beider Antworten kann zu einem befriedigenden Ergebnis für das Neue führen.

Wer die ungarischen Windmühlen betrachtet, die in ihrer natürlichen Behäbigkeit und Ruhe die Weite der Puszta erst spürbar machen, fühlt sich unwillkürlich veranlaßt, über derartige Fragen nachzudenken.

Von der ungarischen Geschichte her kommt man der Forschung über die Entstehung der Windmühlen in Ungarn nicht näher; denn die unruhige Geschichte ist von Wirren, Abhängigkeiten, Befreiungen und neuen Abhängigkeiten von Römern, Dakern, Hunnen, Deutschen Fürsten, Venedig, Ostrom,

116

Mongolen, Polen, Türken, Österreich und anderen gekennzeichnet und läßt jede Deutung offen. Wir wissen nur, daß im Jahr 1486 der Ritter Grünenberg auf seiner Reise nach Jerusalem bereits Windmühlen in Ungarn antraf.

Außer der persischen Windmühle kennen wir keine andere, die im Binnenland erfunden wurde. So dürfte auch die ungarische Mühle einen Impuls von außen her bekommen haben. Die Form läßt auf griechisch-ägäischen Einfluß schließen, die jedoch dem weniger tragfähigen Untergrund angepaßt werden mußte. Die ägäischen Windmühlen standen ja meist auf Fels und benötigten keine so breite Basis. Das Windrad selbst trägt jedoch eher mitteleuropäische Züge und das flache drehbare Dach mag den Küstenländern der Nordsee zu verdanken sein. Alles zusammen entstand vielleicht aus den Erzählungen der durchreisenden Kreuzritter. Die ausgewogene Form schufen aber die Ungarn allein.

Auch wenn die Windmühlenflügel fast bis zur windstillen Erde reichen, so werden die Mühlen anscheinend doch den Aufgaben innerhalb der Landwirtschaft gerecht.

Nach einem Hinweis der Zeitschrift „Die Mühle" im Jahre 1928 gab es in Pommern vor 500 Jahren Windmühlen, die aus Steineiche gebaut waren und deren Seitenwände und Dächer mit Stroh abgedeckt wurden. Vielleicht sahen sie den *dänischen* Mühlen auf der Insel Mön ähnlich, da sie in einem gleichen Klima und in ähnlicher Landschaft beheimatet sind. Die dänische Windmühle besteht aus einem runden Steinhaus, das gegen die feuchte Witterung mit Baumrinden verschalt und mit Riedgras abgedeckt ist. Das Pferd als Wetterfahne ist nordische Tradition.

Rund 71 % der Fläche von *Finnland* sind Waldfläche, nur 8,4 % Ackerland, der Rest ist Wasser. Holz ist der Reichtum und das bevorzugte Baumaterial des Finnen. So kann es nicht ausbleiben, daß auch die Windmühlen Finnlands gänzlich aus Holz bestehen, und zwar nicht nur die Radwelle, sondern auch die Flügel, deren Fläche durch Wegnahme oder Zugabe von Brettern an die Windstärke angepaßt wird. Das mit Holzschindeln gedeckte Dach ist schwenkbar. Die Drehvorrichtung selbst ist gegen die Witterung durch die Holzschürze geschützt.

Hölzerne Windmühle bei
Uusikaupunki an der
finnischen Bottensee

Alte Windmühle auf der
dänischen Insel Mön. Stein-
bau mit Baumrindenver-
schalung

Der Windmühlenbau in der technischen Neuzeit

Im 18. Jahrhundert meldete sich die technische Neuzeit unüberhörbar an. Für alle Zwecke wurden Maschinen erfunden. Um sie zu bauen, brauchte man Eisen in großen Mengen. Um aus Erz Eisen zu machen, benötigte man viel Kohle. Die Erz- und Kohlenzechen konnten wiederum nur dann ergiebiger werden, wenn man des Wassers in den Gruben Herr wurde. Dazu jedoch waren stärkere Pumpen erforderlich.

Das waren die Gründe, warum die Erfinder der Dampfmaschine, von Papin, Savery, Newcomen bis Watt, um nur einige zu nennen, so viel Gehör bei der jungen Industrie fanden.

Die damalige Dampfmaschine arbeitete eigentlich gar nicht aktiv mit dem Dampf. Es waren atmosphärische Dampfmaschinen. Dabei nutzte man den Effekt aus, daß ein gewisses Vakuum entsteht, wenn man den in einem Zylinder eingeschlossenen Dampf abkühlte. Das geschah unterhalb des Kolbens. Nach oben war der Zylinder offen, so daß bei einem Unterdruck auf der einen Seite des Kolbens das Gewicht der Atmosphäre auf die obere Kolbenfläche wirkte. Man kann sich vorstellen, welch große Kolben notwendig waren, um wenigstens 20 PS zu erhalten. Es waren die Saurier des Maschinenbaus. Aber es kam gar nicht so sehr auf die Stärke der Maschine allein an wie vielmehr darauf, daß die Pumpen *ununterbrochen* liefen. Die Leistung hätte man auch mit fünf Windmühlen erreichen können. Mit der neuen Maschine hängt das Windmühlensterben im 20. Jahrhundert zusammen. Das ahnte man damals natürlich noch nicht. Die Dampfmaschine hatte nur eine Sonderaufgabe bei den Zechen zu erfüllen. Sie waren so groß, daß man in England spottete: ,,Um ein Bergwerk mit einer Dampfmaschine zu entwässern, braucht man ein Erzbergwerk, um die Maschine zu bauen, und ein Kohlenbergwerk, um sie zu beheizen." Der Kohleverbrauch war für heutige Verhältnisse unvorstellbar hoch. Das Wasser wurde zu Dampf erhitzt, dem Zylinder zugeleitet, abgekühlt, um den Unterdruck zu erhalten, und über ein Gerinne abgeführt. Die Maschine wurde zwar ständig verbessert, aber es dauerte fast hundert Jahre, bis man den Dampfdruck selbst zur Arbeit heranzog. Das war weniger eine Frage des Wissens, als des Mangels an hochwertigem Material, das die Drücke aushielt, und des Fehlens guter Mechaniker.

Ende des 19. Jahrhunderts kamen dann innerhalb von zwanzig Jahren alle Erkenntnisse und Erfindungen zusammen, die unsere hochentwickelte Industrie ermöglichten und unter anderem das Windrad so plötzlich verkümmern ließen.

Noch als im Jahr 1876 auf der Weltausstellung in Philadelphia eine „Hochdruckdampfmaschine" ausgestellt wurde, die „nur" 13,5 Meter hoch und 607 Tonnen schwer war und 2 500 PS leistete, sah sich der Windradbauer noch nicht bedroht. Er war es auch noch nicht. Die Zahl der Windmühlen war noch im Wachsen. Daran änderte sich auch nichts durch die Erfindung des Otto-Motors um 1862; auch er war ja nur für Sonderzwecke gedacht.

Mit der Ankündigung des ersten Starkstrom-Motors 1867 durch Siemens und der Verbreitung des elektrischen Stroms nach Erfindung der Glühlampe 1879 wuchs, allerdings noch unbemerkt, eine ernste Gefahr für den Windmühlenbauer heran. Aus unserer rückschauenden Position heraus ist das leicht zu erkennen. Doch vor fast hundert Jahren konnte man das noch nicht ahnen. So verbesserte und arbeitete man unverdrossen weiter an den Windmühlen.

Im Jahr 1890 brachte der dänische Professor La Cour endlich durch seine Arbeiten im Windkanal eindeutige Konstruktionswerte heraus.

Danach soll die Neigung der Windradachse etwa zehn Grad betragen, damit die Flügel einen größeren Abstand vom Turm gewinnen. Eine stärkere Neigung würde infolge der Verkleinerung der Windradprojektion zur Windrichtung, entsprechend dem Cosinus der Neigung, Verluste nach sich ziehen.

Die Gesamtflügelfläche soll ein Drittel der Windradfläche nicht überschreiten. In diesem Zusammenhang empfiehlt er vier Flügel, deren Breite etwa ein Viertel bis ein Fünftel der Flügellänge sein, und auf der ganzen Länge gleich bleiben soll. Das Profil der Flügel soll zur Erhöhung der Auftriebskonstante geknickt sein (siehe Bild), und zwar bei ein Viertel bis ein Sechstel von der Vorderkante entfernt. Die Knickung beträgt jedoch nur drei bis vier Prozent der Gesamtflügelbreite.

Die Verschränkung der Flügelsehne gegen die Radebene ergab sich aus den Versuchen an den Flügelspitzen zu 10 Grad, bei 2/3 des Windradius zu 15 Grad, bei 1/3 des Radius zu 20 Grad und am inneren Ende zu 25 Grad. Diese Werte sind theoretisch natürlich nur für eine ganz bestimmte Windstärke (Ausbauwind) und für eine feste Drehzahl richtig. Wenn man jedoch die Mühle einfach und robust gestalten will, muß man die Kompromißwerte, die sich empirisch ergeben haben, übernehmen.

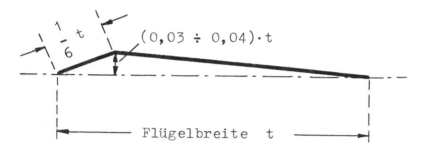

Aerodynamisch richtiges Flügelprofil für eine Holländermühle nach La Cour 1905

In der Mitte des Windrades soll ein Radius frei bleiben, der dem vierten Teil einer Flügellänge entspricht. Ein solches Windrad läuft bereits bei einem Wind von 1,8 m/s an.

Legt man die Forderung zu Grunde, daß die Mühle ihre volle Leistung bei einem Wind von 5 m/s erreichen soll, so muß man folgende Windraddurchmesser wählen:

für   1 PS einen Durchmesser von   6 Meter
für   2 PS einen Durchmesser von   8 Meter
für   5 PS einen Durchmesser von 12 Meter
für 10 PS einen Durchmesser von 16 Meter.

Größere Windräder dieser Bauform sind kaum noch sturmsicher zu gestalten. Eine solche Windmühle wird, je nachdem, ob es sich um ein windarmes oder windstarkes Gebiet handelt, drei- bis fünftausend Stunden im Jahr mit voller Leistung in Betrieb sein.

Die verdienstvollen Arbeiten von La Cour waren nicht viel mehr als eine Bestätigung und Verfeinerung der Praxis. Aber sie sind nunmehr Allgemeingut geworden. Wer jetzt oder später noch falsch dimensionierte Windmühlen baut, ist selbst schuld. Die klaren Bauanweisungen sollten nicht vergessen werden; sie sind wichtig für die Zukunft, die an fossilen Brennstoffen immer ärmer wird.

Die Windmühle konnte eigentlich viel mehr, als man ihr allgemein zutraut. Sie mahlte Getreide und Ölfrüchte, pumpte Wasser und schnitt Holz. Nachträglich ist kaum zu verstehen, warum man sie nicht auch Getreide dreschen ließ, nachdem ausgerechnet der schottische Windmühlenbauer Meikle die Dreschmaschine 1785 erfand, wobei sie gleich durch ein Gebläse die Spreu vom Korn hätte trennen können. Solche Gebläse, Windfeger genannt, hat es schon zu Anfang des 19. Jahrhunderts gegeben. Sie bestanden aus einem Einfülltrichter, einem Windrad mit Handkurbel und einem Sieb. Sie waren zu Beginn unseres Jahrhunderts in Oberbayern noch in Betrieb.

„Tjasker", ein Windrad mit schräg in den Boden ragender Spiralschrauben-Achse zur Entwässerung von Mooren

Die einfachste Windmühle, der Tjasker, bestand gar nur aus einem vierflügeligen Rad ohne Unterbau, wobei die Achse mit einer Archimedischen Schraube als Wasserpumpe einige Meter weit und schräg in den Boden gesteckt und außerhalb mit einem Bock abgestützt wurde. Den Tjasker finden wir schon in einer Vitruvausgabe des Jahres 1511 abgebildet.

In den zwanziger Jahren unseres Jahrhunderts kam durch den Ausbau des öffentlichen Stromnetzes die Windmühle immer mehr in Bedrängnis. Der Mensch bekam es durch die Elektrizität leichter, ja er konnte verschwenden. Er wurde reich, gemessen an den vergangenen Jahrhunderten.

So wie jede gesunde Konkurrenz heilsam ist, so war sie auch für die Windmühle zunächst ein Ansporn. Nach dem ersten Weltkrieg entwickelte Major Bilau zusammen mit Professor Albert Betz in Göttingen bessere Windflügel nach den neuesten Erkenntnissen der Aerodynamik. Die geraden Flächen des La Cour-Flügels wurden durch stromlinienförmige Profile ersetzt. Die vordere Anströmkante nannte Bilau Ventikante. Der geknickte Heckteil (siehe Bild des Flügelprofils nach La Cour) wurde schwenkbar gemacht und außerdem stromlinienartig verkleidet. Mit diesen Verbesserungen stieg die Leistung des La Cour-Flügels fast auf das Doppelte an. Die Wirbelbildung der früheren Bretter entfiel, der Luftwiderstand sank und der Auftrieb erhöhte sich. So geformte Flügel wurden bis zum Jahr 1940 an 130 Mühlen im Austausch gegen die alten mit gutem Erfolg angebracht.

Nun waren nur noch die Wünsche nach einer besseren Leistungsregelung, Sicherung gegen Sturm und Drehzahlregelung offen. Dazu bot sich unter völliger Zweckentfremdung das von Anton Flettner (1885 bis 1961) im Jahre 1923 gebaute Schiffsruder an, das als Unterstützung für die Bewegung des Hauptruders ideal geeignet ist. Bilau wendete das Prinzip am Windradflügel so an, daß er die Achse des Drehhecks durch den Flächenschwerpunkt verlaufen ließ. Infolge der ausgeglichenen Windmomente war das Heck mit geringem Kraftaufwand zu drehen. Wie das Bild veranschaulicht, kann bei Drehung des Heckteiles das Gesamtprofil des Flügels mehr oder weniger aufgelöst werden, so daß ein Teil des Windes zwischen den Flügelhälften hindurchströmt. Dadurch kann

Schnitte durch Windradflügel mit Drehheck in verschiedenen Stellungen

123

man die Leistung und die Drehzahl des Windrades ändern. Bei weiterer Durchdrehung des Hecks wirkt dieses als Bremse, mit dem das Windrad sogar stillgesetzt werden kann.

Damit haben die alten Vierflügler ihre aerodynamisch beste Form erreicht, wenngleich sie dadurch wieder etwas komlizierter wurden. Leider kamen diese Resultate zu spät. Die Windmühlen liegen in Europa noch in der Agonie. Doch das Interesse für die Windkraft im Allgemeinen beginnt wieder zu erwachen, wenn auch in anderen Maßstäben.

Bevor wir uns diesem neuen Gebiet zuwenden, gibt es noch einiges nachzutragen, was in den letzten hundert Jahren nebenbei erforscht und geschaffen wurde oder noch von Bedeutung ist.

Windmeßgeräte

Wer den Wind technisch nutzen will, möchte auch seine Geschwindigkeit kennen; sie ist praktisch allein für die Leistung des Windes verantwortlich, sieht man einmal vom Luftdruck, also von der Höhe über dem Meeresspiegel ab. Schon im 19. Jahrhundert gab es verschiedene Windmeßgeräte (Anemometer). Hängt man z. B. ein dünnes Metallplättchen auf, so wird es bei Windstille senkrecht hängen und im Wind eine Schrägstellung einnehmen, aus der die Windstärke bestimmt werden kann. Fletcher fand einen anderen Weg, der genauer war. Er stellte ein dünnes Rohr in den Luftzug, der an der Mündung des Rohres im Vorbeistreichen einen gewissen Sog erzeugte. Steht das Rohr in einer dünnen Flüssigkeit, so wird durch den Sog wie bei einer Pipette die Flüssigkeit im Rohr hochgezogen, und zwar je nach der Windstärke mehr oder weniger. Aus der Anstiegshöhe kann man dann die Windstärke errechnen.

Die genannten Meßmethoden ergeben natürlich nur den Augenblickswert der Windgeschwindigkeit. Bei der Windenergieverwertung durch Windräder interessiert aber mehr das Arbeitsvermögen des Windes innerhalb einer gewissen Zeitspanne. Dafür brauchte man Anemometer mit einer Zähleinrichtung.

124

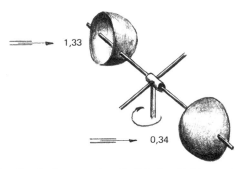

Kugelhalbschalen für ein Anemometer, ähnlich dem Robinsonschen Schalenkreuz

Robinson hatte ohne modernen Windkanal die richtige Lösung gefunden. Er montierte an die vier Enden eines drehbaren, horizontalen Kreuzes je eine Halbkugelschale, in der richtigen Erkenntnis, daß die konkave Seite jeder Schale einen größeren Luftwiderstand hat als die konvexe. Damit dreht sich das nach ihm benannte Robinsonsche Schalenkreuz im Wind. Die Drehzahl dieses Schalenkreuzes ist direkt von der Windstärke abhängig. Man braucht also nur die Umdrehungen zu zählen, um den Arbeitsinhalt des Windes zu haben. Man kann auch einen kleinen Dynamo antreiben lassen um dessen drehzahlabhängige Spannung aufzuzeichnen. So kann man aus der Fläche zwischen der Grundlinie (Abszisse) und dem geschriebenen Diagramm direkt die vom Wind angebotene Arbeit in Kilowattstunden ermitteln. Wenn man heute für genaueste Windmessung auch mit den erstgenannten Meßeinrichtungen Schreibgeräte speisen kann, so fehlt doch kaum in einer Wetterstation das Schalenkreuz, das robust und für die meisten Zwecke völlig ausreichend ist.

Heute kennt man die Widerstandsbeiwerte aller uns interessierenden Körper, oder kann sie im Windkanal über die direkte Messung der Zugkräfte schnell finden. So sind die spezifischen Widerstände für eine runde Scheibe etwa 1,1; für eine Kugel 0,47; für eine Halbkugelschale auf der konvexen Seite nur 0,34 und auf der konkaven Seite 1,33. Der Luftwiderstand beträgt also auf der konvexen Seite ungefähr nur ein Viertel desjenigen auf der konkaven Seite. Die dem Wind gegenläufigen Schalen bremsen das Schalenkreuz nur unwesentlich ab.

Der Savonius-Rotor

Wie schon bei der Geschichte der Windräder angedeutet, wird der Gedanke der Windturbinen mit vertikaler Achse eines Tages Bedeutung erlangen.

Ende des vorigen Jahrhunderts entwickelte der finnische Kapitänleutnant Sigurd Savonius den nach ihm benannten Savonius-Rotor. Wir alle haben dieses Windrad in sehr verschiedenen Größen bewußt oder unbewußt schon öfter gesehen, ohne vielleicht sogar seinen Sinn zu erraten. Es befindet sich auf geschlossenen Transportautos als Lüfter für den Innenraum, auf Hausentlüftungsrohren, auf Fähren und auf Schiffen. Bei Fahrzeugen werden die Rotoren zusätzlich vom Fahrwind angetrieben. Die Rotoren selbst treiben wiederum Radiallüfter an, die auf ihrer Welle montiert sind.

Der Savonius-Rotor sieht so harmlos aus, ist aber mit aerodynamischen Finessen mehr gespickt, als Savonius es selbst wußte. Offensichtlich ist der Rotor von der Windrichtung völlig unabhängig. Auch über den Widerstandsbeiwert einer konkaven und einer konvexen Schale braucht nicht mehr gesprochen zu werden. Wir kennen auch schon Vertikalturbinen, bei denen der Wind innerhalb des Rades umgeleitet wird und die dem Wind gegenläufige Schaufel von hinten her nochmals beaufschlagt. Beim Savonius-Rotor aber greifen die Schalen ineinander über und verlaufen über eine gewisse Strecke parallel zum Umfang des Rotors, so daß sich der Rotor dem Wind fast wie ein geschlossener Tubus darstellt, der nur kurzzeitig von Schlitzen unterbrochen wird. Dadurch tritt zu den Widerstands- und Auftriebskräften an den Schaufeln eine zusätzliche Kraft hinzu, die auf den sogenannten Magnus-Effekt zurückzuführen ist, der zum Zeitpunkt der Erfindung des Savoniusrotors überhaupt noch nicht geklärt war. Über den Magnus-Effekt soll im nächsten Abschnitt, der den Flettner-Rotor behandelt, gesprochen werden.

Daß es beim Savonius-Rotor „nicht ganz mit rechten Dingen zugeht", ergab sich schon frühzeitig aus der verblüffenden Beobachtung, daß seine Umfangsgeschwindigkeit bis zum 1,7-fachen der Windgeschwindigkeit anwachsen kann. Das heißt, die Schaufeln liefen dem hineindrückenden Wind davon. Das konnte nur bedeuten, daß die Widerstandskräfte des Windes, wie z. B. bei der Robinsonschen Schale, hier in keiner Weise aktiv sind; denn ein Körper kann sich ja nicht schneller bewegen als die ihn schiebende Kraft.

Die kurzzeitig entstehenden Auftriebskräfte an den Schalen, wenn die Krümmung einen günstigen Anstellwinkel hat, werden laufend unterbrochen, haben sogar kurzzeitig negativen Wert. Sie können also unmöglich der Grund für die überhöhte Drehzahl sein. Die Klärung des Phänomens kam erst in den zwanziger Jahren. Doch genutzt wurde der Rotor im Kleinen schon oft und im Großen selten, so z. B. für Wasserpumpen und zur Stromerzeugung. Das Bild zeigt eine Anlage auf einem fünfzehn Meter hohen Turm. Der Rotor hat eine Höhe von 3,5 Meter. Die Drehzahl beträgt 40 bis 70 U/min. Neueste Entwicklungen kombinieren das Gerät noch mit Sonnenenergie; die Blechwandungen sind dabei als Kollektoren ausgebildet.

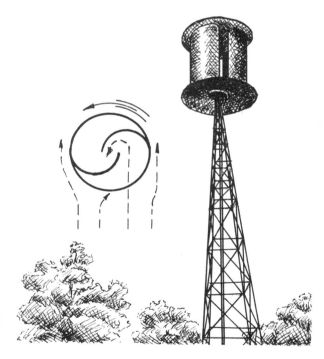

Savoniusrotor zur Stromerzeugung, um 1937

Magnus-Effekt und Flettner-Rotor

Bevor wieder von den Gebrauchswindmühlen die Rede ist, ist noch eine Erfindung zu erwähnen, die dem Wind seine Energie auf eine völlig andere Weise entnimmt und die eines Tages sicher wieder von Bedeutung sein wird, selbst für Windräder extrem niedriger Drehzahlen.

Im Jahre 1852 hatte der Physiker Gustav Magnus (1802 bis 1870), der Lehrer von Helmholtz, die Wirkungen von Drehungen der Geschosse auf ihrer Flugbahn untersucht und dabei festgestellt, daß durch die Drehung eine starke seitliche Kraft auf das Projektil ausgeübt wird. Dieser Magnuseffekt konnte damals (1852) jedoch nicht erklärt werden. Im Jahr 1923 wurden die Versuche in Göttingen wiederholt und nun gelang mit Hilfe der Grenzschichttheorie von Professor Prandtl aus dem Jahre 1904 eine Erklärung und quantitative Auswertung.

Die Ergebnisse waren so überraschend, daß der Ingenieur Anton Flettner sofort daranging, die entdeckte neue Windkraft, die sich als starke Querkraft an einem rotierenden Zylinder entfaltete, an einem Schiff auszuprobieren. Er stattete es statt mit Segeln mit rotierenden Zylindern aus. Es hatte sich nämlich im Windkanal ergeben, daß die Projektionsfläche eines solchen, nach ihm benannten Flettner-Rotors den zehnfachen Auftrieb eines flächengleichen Segels aufweist. Der Großversuch mit dem Schiff „Buckau" hat die Versuchsergebnisse im Windkanal bestätigt. Das war ein sensationeller Erfolg. Dazu kam, daß die stehenden Rotoren bei Sturm kaum einen größeren Luftwiderstand hatten als bei den klassischen Segelschiffen die Maste, Rahen, Brassen, Taue usw. Der Angriffsschwerpunkt lag beim Rotorschiff sogar niedriger.

Die Rotorhöhe betrug 15,6 Meter und der Durchmesser 2,8 m. Die Rotoren benötigten für ihre Drehung eine Antriebsleistung von etwa 5 kW, erbrachten aber bei einer Windstärke 6 dieselbe Leistung wie der mitgeführte Dieselmotor von 120 PS. Die Windstärke 6 ist auf See jedoch so häufig, daß der Dieselmotor nicht allzu oft gebraucht wird. Flettner dachte natürlich nicht daran, das Rad der Seefahrtgeschichte zurückzudrehen. Er wollte Frachtschiffe mit gemischtem

Rotor-Versuchsschiff „Buckau", um 1924

Antrieb bauen, die bei Flauten mit dem Dieselmotor und bei Wind mit den Rotoren fahren sollten. Rüstet man den Dieselmotor mit einem senkrecht ins Wasser ragenden Voith-Schneider Propeller aus, so kann ein einziger Mann auch ein großes Frachtschiff steuern oder durch Drehzahlregulierung mit Hilfe eines kleinen Drehknopfes in wenigen Sekunden „auf- und abtakeln". Dasselbe Prinzip trifft für die Flettner-Rotoren oder Windräder mit Rotoren zu.

Der Quertrieb, so möchte man meinen, könnte nur sehr gering sein. Es entzieht sich unserer Vorstellungskraft, daß durch die Mitnahme einer Luftschicht mittels eines glatten Rohres so große Druckdifferenzen entstehen können, die in der Lage sind, große Schiffe anzutreiben, noch dazu mit einer ganz geringen Antriebskraft für die Rotoren selbst. Verfechter des Perpetuum mobile könnten versucht sein, zu beweisen, daß es möglich ist, mit geringer Antriebsleistung an den Rotoren mit diesen eine etwa zwanzigfache Leistung zu erzeugen. Das ist natürlich nicht der Fall. Wir entnehmen die Leistung nicht der Luftschicht, die sich mit dem Rotor dreht, sondern dem zuströmenden Windpotential.

Der aus dünnem Stahlblech bestehende Rotor ist im Prinzip nichts anderes als ein Segel, da er wie ein ausgerichteter

Luftkörper die gleiche Wirkung wie ein unsichtbares Segel hat. So kann man mit dem Rotor nicht gegen den Wind segeln, auch krängt das Schiff, wenn man zu hart am Wind mit optimaler Rotordrehzahl fährt.

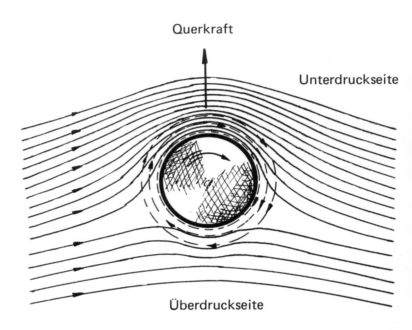

Darstellung der Kräfte des Magnus-Effektes an einem sich drehenden Rotor

Obwohl die Luft unser eigentliches Lebenselement ist, wird sie von uns im Ruhezustand nicht wahrgenommen. Es ist deshalb für uns überraschend, daß ein sich drehender Rotor eine zehnmal so große Auftriebskraft ergibt wie ein gleichgroßes Segel und achtmal so effektiv ist wie ein flächengleicher aerodynamisch gut durchgebildeter Propeller. Als Vergleichsfläche ist die Projektion des Rotors (Länge mal Durchmesser) anzusehen. Dafür gibt es nur eine Erklärung. Es rotiert eben nicht nur die unmittelbare Grenzschicht, sondern das rotierende Luftfeld hat den zehnfachen Durchmesser des Rotors. Ein Luftmolekül nimmt das andere mit und das sich drehende Luftvolumen wandert mit dem Rotor auf dem Schiff oder Windrad mit. Dabei ist nicht ganz zu ver-

130

meiden, daß von außen her Luftmoleküle in das rotierende Luftfeld eindringen. Der Antriebsmotor für den Rotor muß also neben den Lagerreibungswiderständen auch die Beschleunigungsarbeit für die einsickernden Luftteilchen aufbringen.

Es braucht nicht besonders betont zu werden, daß auch ein Flettner-Rotor aus dem Wind nicht mehr kinetische Energie entnehmen kann, als in ihm steckt, und auch diese nicht vollständig, da zum Abfließen der Luft hinter dem Rotor noch eine Restenergie vorhanden sein muß.

Wenn diese Erfindung hundert Jahre früher gemacht worden wäre, hätte sie umwälzend das Schiffswesen verändert. Sie wird aber wieder an Bedeutung erlangen, wenn es notwendig sein wird, auf die Windkraft mit allen Mitteln zurückzugreifen.

Windrad mit Flettnerrotoren
und Windübersetzung

Flettner hat in seinem Buch „Mein Weg zum Rotor" selbst den Gedanken an ein Rotorwindrad ausgesprochen. Er war sich selbstverständlich bewußt, daß er keine größere Leistung, sondern nur stabilere „Flügel" und ein höheres Anfahrmoment erzielen könne. Flettner spielte sogar mit dem genialen Gedanken einer Windumsetzung, wobei er, wie das Bild zeigt, die Leistung nicht an der Windradachse sondern an den äußeren Rotorenden abnehmen wollte, die eine hohe Umfangsge-

131

schwindigkeit haben. In dieser schnellen Luftströmung sollten normale kleine Windräder mit hoher Drehzahl die Generatoren antreiben. Das Ganze wäre ideal, geht aber ausgerechnet beim Flettner-Windrad nicht, weil mit zunehmender Drehzahl des Flettnerrades die Kraftkomponente immer mehr achsial wirkt und damit für die Leistungsgewinnung ausfällt. Auf diese Probleme wird jedoch näher in meinem Berechnungsbuch eingegangen.

Modernisierte Windräder alter Art

Angeregt durch die hohen Anforderungen an die Flugzeugpropeller hat sich vor allem Professor Albert Betz in der Aerodynamischen Versuchsanstalt zu Göttingen in den zwanziger Jahren unseres Jahrhunderts auch der Windmühlenflügel angenommen und festgestellt, daß für sie die gleichen Gesetze gelten wie für den Propeller. Er hat viele Flügelprofile unter-

Der bekannte Venti-
motor von Bilau

132

sucht und mathematisch die optimale Flügelbreite und Verschränkung an jeder Stelle des Flügels beschrieben.

Windräder nach der exakten Propellerform haben jedoch ein sehr geringes Anfahrmoment. Ihr hoher Wirkungsgrad stellt sich erst bei Nenndrehzahl ein. Bilau glaubte 1938 den richtigen Kompromiß in seinem Ventimotor gefunden zu haben. Nachdem diese Windräder aber sehr durchgangsfreudig waren, brachte er kleine, verstellbare Klappen an, die bei Überdrehzahl so verdreht wurden, daß sie die laminare Strömung des Windes am Flügel erheblich störten und damit durch den Leistungsverlust die Drehzahl wieder absinken ließen. Der Ventimotor hat sich jedoch nicht eingeführt.

Die Dänen nutzen, nach Holland, die Windkraft auch heute noch relativ am häufigsten. Nach Untersuchungen von Walther Schieber haben in den dreißiger Jahren etwa vierzig kleinere Energieversorgungsunternehmen, die in Dänemark recht zahlreich sind, zusätzlich zu ihren 200 kW-Dieselaggregaten je ein Windrad aufgestellt. Sie nahmen dazu einen weit-

Selbstverständliche Windenergieanlagen in Dänemark, die mit Dieselaggregaten zusammenarbeiten, wobei der jährliche Windstromanteil meist die Jahresarbeit des Dieselmotors übertrifft. Werk Kappendrup mit 30 kW Windleistung und maximaler Tagesleistung von rund 500 kWh

gehend genormten Vierflügler nach La Cour und montierten die Räder auf einen 18 Meter hohen Gittermast. Die Flügel selbst bestanden meist aus jalousienartigen Flächen, die sich entsprechend der Drehzahl selbsttätig mehr oder weniger öffneten.

Nach einer Statistik von 1941 erarbeitete jedes dieser Windräder im Jahr rund 60 000 Kilowattstunden als Zusatzleistung zum Ergebnis der Dieselaggregate. Der Grund für diese Maßnahme war — es hört sich direkt modern an — Ölknappheit.

Auch an der deutschen Nord- und Ostseeküste hat man nach einem Einheitswindrad gesucht. Dabei richtete man sich nicht nach La Cour aus, sondern hielt sich mehr an die von Prof. Betz in Göttingen weiterentwickelte Propellertheorie, die schmale Flügelprofile erfordert. Die ungünstigeren Anlaufverhältnisse versuchte man durch eine größere Flügelzahl auszugleichen (siehe Bild). Solche Windräder sind im Marschland nicht selten. Sie dienen vor allem der Entwässerung.

Wasserschöpfanlage
mit Windradantrieb,
Raddurchmesser
15 m, 1936

Die Vielfältigkeit der Windräder wurde in der ersten Hälfte des 20. Jahrhunderts so groß, daß man mit den verschiedenen Modellen und Systemen einen eigenen Band füllen könnte. Es gab Windräder mit zwei, drei, vier oder mehr Flügeln, die mehr oder weniger von der Betzschen Form abwichen, Windräder, die auf der Luv- oder Leeseite des Turmes sich drehten, mit und ohne Bremsklappen, doch schon meist auf Gittermasten montiert. Eines davon soll noch kurz beschrieben werden, weil es schon den modernen Forderungen an ein Windkraftwerk in vieler Hinsicht entsprach. Es handelt sich um ein Teubert-Windkraftwerk in Rhene/Nordharz, das vor dem zweiten Weltkrieg aufgestellt wurde. Es hatte bereits verstellbare Flügel, die sich selbst elektrisch in den gewünschten Anstellwinkel drehten und somit die Drehzahl, beziehungsweise die Leistung regelten. Der Generator war in einer Gondel, die zugleich als Windfahne fungierte, untergebracht und mit einem winddruckabhängigen Reibrad auf eine höhere Drehzahl übersetzt. Der Turm war 33 m hoch, die Leistung betrug bei einem Windraddurchmesser von 8 m rund 6 kW.

Mancher mag bisher ein Windrad vermißt haben, das ihm vielleicht als einziges vom Anblick her bekannt ist. Es kommt aus den USA und hat zu Beginn unseres Jahrhunderts eine neue Windradära versprochen. Seine Vorgeschichte ist sehr aufschlußreich:

Die Amerikanische Windturbine

Die erste Weltausstellung fand im Jahr 1851 in London statt. Sie war in dem berühmten, für diese Ausstellung errichteten Kristallpalast von Sir Paxton untergebracht. Der Palast war selbst das hervorragendste Ausstellungsobjekt. Damals war es mehr eine kulturelle Völkerschau, in der die handwerklichen Leistungen zur Schau gestellt wurden. Die technischen Ausstellungsstücke waren noch in der Minderheit. Sechs Millionen Menschen besuchten die Schau.

Von Weltausstellung zu Weltsausstellung nahmen dann die maschinenbaulichen Errungenschaften, vom Webstuhl bis zu den ersten Gasmotoren und Kältemaschinen, einen immer größeren Raum ein.

135

Amerikanische Windturbine
in Oberbayern

Die siebte Weltausstellung in Philadelphia 1876, deren äußerer Anlaß der hundertste Jahrestag der Unabhängigkeitserklärung der Vereinigten Staaten von Nordamerika war, brachte die ersten großen technischen Überraschungen. Es wurde nicht nur eine monströse, aber brauchbare Dampfmaschine, sondern auch erstmals das Halladay'sche Windrad ausgestellt.

Von den 10 Millionen Besuchern der Ausstellung mögen wohl die Farmer des amerikanischen „Riesenlandes ohne nennenswerte Energie" am längsten vor diesem Windrad stehen geblieben sein. Das Interesse dafür wird sofort klar, wenn man weiß, daß von den damals 40 Millionen weißen Amerikanern nur knapp 11 Millionen in den Städten wohnten. Fast 30 Millionen suchten Land oder hatten Land erhalten, — Land ohne Wasser. Wenn dieses Windrad hielt, was dazu an Pumpleistung usw. angekündigt wurde, war ihre Zukunft gesichert. Die Farmer brauchten ein Windrad, das schon bei kleinen Windstärken arbeitete, denn sie wohnten in einem unermeßlich großen Binnenland mit nur mäßigen Windstärken.

Der Amerikaner Daniel Halladay hatte schon 1854 erste Formen seiner Windturbine gebaut. Aber erst nach dem Er-

Windturbine zum Pumpenbetrieb bei einer Salzgewinnungsanlage im Libanon

folg auf der Weltausstellung wurden die Geräte in größeren Stückzahlen und, ab 1883 von Stewart Perry aus Stahl hergestellt.

Durch die fast hundertprozentige Belegung der Windradfläche mit oft 150 Flügeln begann das Rad schon bei einer Windstärke von 0,16 m/s anzulaufen. Dadurch war gewährleistet, daß sie jeden brauchbaren Wind zur Arbeitsleistung ausnutzte. Es gab endlich Wasser in ausreichender Menge für die Sicherstellung des Lebens, für Hygiene, Sauberkeit und Gesundheit.

Wir wollen gerade im Zeitalter der unverantwortlichen Wasserverschmutzung nicht vergessen, daß nur das Angebot von ausreichendem und sauberem Wasser das Aufkommen von Ungeziefer und epidemischen Krankheiten zu verhindern vermag.

Nach dem ersten Weltkrieg nahmen sich viele Fabriken der Herstellung solcher Windräder für die Stromerzeugung, Heizung von Treibhäusern, Wasserhaltung und zum Pumpen von Brauchwasser an. Turbinendurchmesser von 12 Meter mit einer Leistung von 15 kW waren keine Seltenheit.

137

Die Firma Reinsch in Dresden baute schon im Jahr 1891 ein solches Windrad für die Gemeinde Neupoderschau auf einen 30 m hohen Gitterturm, — eine Anlage, die nach einem Umbau 1926, jedenfalls 1941 noch arbeitete.

Für Zwecke der Trinkwasserversorgung genügen meist kleinere Ausführungen der Räder, durch die jeweils über ein Gestänge die Wasserpumpe angetrieben wird. Man spricht hier oft von „Windbrunnen". Auch in Meerwasserentsalzungsanlagen werden Windturbinen zum Pumpenantrieb viel verwendet (siehe Bild aus dem Libanon).

Der Amerikanischen Windturbine begegnete Europa zunächst mit großer Zurückhaltung, ja Geringschätzung; denn dieser Erdteil hatte ja eine tausendjährige Windmühlentradition. Und das neue Windrad warf so ziemlich alle Erfahrungen über den Haufen. Wie sollte denn der Wind bei völliger

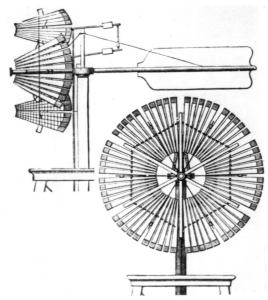

Das Halladay'sche Windrad, mit
schwenkbaren Flügelrad-Sektoren

Überdeckung der Windradfläche durch die Flügel hindurchkommen? Er würde sicher bei der geringsten Belastung einfach außenherum ausweichen. Wie sollte das Windrad etwas leisten, wenn in die abgebremste Windzone der einen Schaufel sofort die nächste Schaufel eintauchte? Man hielt das Ganze, wie wir heute sagen würden, für einen Messezauber. Auch heute erscheinen ja auch auf seriösen technischen Messen manchmal halbentwickelte Artikel, die dann nie im Handel zu kaufen sind.

Aber die wirklichen Fachleute hatten es sofort begriffen. Die Amerikanische Windturbine war eine so einfache Lösung, daß sich jeder fragte, warum er nicht selbst schon längst auf diese Idee gekommen ist. Nun, es waren schon immer die einfachsten, klaren Gedanken, die am schwierigsten zu finden sind. Man traut ihnen nicht, weil sie zu einfach erscheinen. Vermutlich schreckte man noch von früher her vor so niedrigen Drehzahlen zurück, die deshalb so niedrig sein mußten, weil bei so vielen Schaufeln die jeweils nachfolgende „warten" mußte, bis sich der abgebremste Wind in der Luke wieder erneuert hatte. Jedoch die Vorteile waren nicht zu übersehen. Die Turbine nutzte die schwachen Winde aus, sie hatte billige, einfache Flügel, konnte in der Fabrik serienmäßig hergestellt werden und war dementsprechend preiswert. Man durfte natürlich auch nicht ihre Nachteile ignorieren. Doch jeder Ingenieur widmet die meiste Zeit seiner Arbeit der Überwindung anscheinend widersprüchlicher Forderungen.

Um die Sturmgefährdung zu mindern, hat Halladay das Windrad in sechs Sektoren unterteilt, die ab einer gewissen Windstärke ausschwenken, wie aus dem Bild ersichtlich ist. Nun konnte der Wind ungehindert durchströmen. In der Praxis ist diese Form des Halladayschen Rades aber wegen seiner Kompliziertheit die Ausnahme geblieben.

Mit dem ungünstigen Wirkungsgradverlauf, der dem einer Francis-Wasserturbine gleicht, muß man sich abfinden. Man kann die starren Flügel eben nur für eine gewählte Windgeschwindigkeit und Drehzahl festlegen. Daß dieser aerodynamische Idealfall weniger häufig zutrifft als die Abweichungen davon, liegt in der Natur der Sache. Dagegen kann man die ganze Turbine etwas überdimensionieren, um häufiger die gewünschte Leistung zur Verfügung zu haben.

Die extrem niedrige Drehzahl der Amerikanischen Windturbine ist heute kaum noch ein Problem. Es gibt Wasserpumpen, für die sie gerade richtig ist. Lediglich für die Elektrizitätserzeugung braucht man hohe Drehzahlen. Dafür gibt es heute Flüssigkeitsgetriebe, die sogar innerhalb gewisser Grenzen die Generatordrehzahl einigermaßen konstant halten, jedenfalls so gleichmäßig, daß sie für den Verwendungszweck ausreicht, nämlich die Versorgung einzelner Häuser mit Gleichstrom über eine Pufferbatterie. Für große Einheiten, die zum Beispiel ein ganzes Dorf mit Strom und Wasser versorgen können, ist die Amerikanische Windturbine von der Konstruktion her nicht geeignet.

Es ist außerdem klar, daß das Windrad wegen der dichten Belegung besonders sturmgefährdet ist. Die Angriffsfläche wird hier der Windradfläche gleich. Durch eine querstehende Windfahne soll deshalb das Rad ab einer gewissen Windstärke aus der Windrichtung gedreht werden. Das kann es aber nur, wenn die Anlage gepflegt ist, so daß die vertikale Drehachse nicht eingerostet ist. Wegen dieses Mangels an Pflege ist eine große Zahl dieser Windräder zerstört worden!

Die Amerikanische Windturbine dreht sich heute in allen Erdteilen auf Gittermasten, Häusern, alten Wachtürmen und auf den Grundmauern mallorkinischer Windmühlen. Sie ist vor allem im Binnenland heimisch geworden. So stehen sogar nahe der Alpen, im Landkreis Rosenheim in Bayern vier „Windbrunnen" mit amerikanischen Rädern, und sie sind noch vielfach Wahrzeichen von Gartenbaubetrieben, zum Beispiel in Sachsen und Thüringen.

Die Amerikanische Windturbine bewährt sich hunderttausendfach, wo die Stromzuführung zu teuer oder die Windkraft billiger ist, oder wo es auf eine Gleichmäßigkeit des Energieflusses nicht ankommt. Kleine Anlagen von einigen Kilowatt Leistung, die in Serie hergestellt werden können, waren und sind zu jeder Zeit wirtschaftlich gewesen. Ihre Konkurrenzfähigkeit steigt mit der allgemeinen Energieverteuerung immer mehr.

Wenngleich die Berechnung einer solchen Anlage einem anderen Band vorbehalten bleiben muß, so soll doch wenigstens das Ergebnis einer Berechnungsreihe vorgestellt werden. Man kann aus dem Diagramm mit einem Blick die Größe des Windrades ablesen, wenn man weiß, welche Leistung in kW man haben möchte und welche mittlere Windstärke an diesem Ort herrscht. Es ist aus der Windleistungsformel entstanden, wobei durch die Wahl der Ordinaten sich gerade Linien ergeben haben, die leichter abzulesen sind. Beispiel: Gesucht ist der Windraddurchmesser für eine Leistung von 3,5 kW und einem Wind von 5 m/s. Der Schnittpunkt der beiden Forderungen nach unten verlängert ergibt einen Durchmesser von 10 m für das Windrad. Das Diagramm ist für alle Windradformen unabhängig von der Flügelzahl gültig, soweit mit dem Auftrieb gearbeitet wird. Es berücksichtigt, daß man nur zwei Drittel der Windgeschwindigkeit entnehmen kann und außerdem einen mittleren Flügelwirkungsgrad von 85 %. Die mittlere Windstärke während des Jahres muß man sich von einem meteorologischen Institut erfragen.

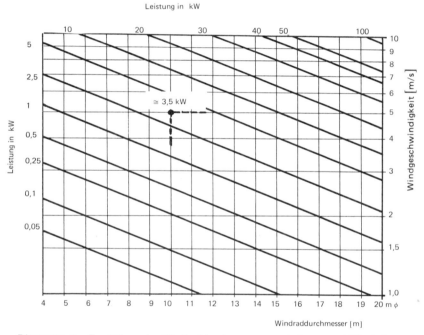

Diagramm zur Ermittlung des Windraddurchmessers aus Leistung und Windstärke bzw. umgekehrt

In windstarken Gebieten vermindert man oft die Flügelzahl auf ein Drittel. Dadurch erhöht sich gleichzeitig die Drehzahl auf ungefähr das Dreifache. Aber das ganze Rad besteht nach

141

Amerikanische Windturbine mit verminderter Schaufelzahl auf einem alten Turm auf Mallorca

wie vor aus einfachen gekrümmten Blechschaufeln. Die Summe aller Flügelflächen ist aber immer noch so groß, daß das Rad mit einem Tragstern aus einer Gitterkonstruktion gestützt werden muß.

Nachdem dieser reduzierte Windradtyp vorzugsweise in windstarken Gebieten aufgestellt wird, ist seine schlechtere Anlaufcharakteristik praktisch ohne Bedeutung.

Windlader, Windpumpen

Die Vereinigten Staaten von Nordamerika haben uns noch einen weiteren windkrafttechnischen Massenartikel beschert, der am Fließband hergestellt wird, den sogenannten Windlader. Das ist ein zweiflügeliges Windrad mit einem Durchmesser von ungefähr eineinhalb Meter, auf dessen Achse sich ein kleiner Elektrodynamo mit einer Leistung von etwa 200 Watt befindet. Dazu gehört ein Akkumulator, der von dem Dynamo bei Wind aufgeladen wird. Aus einer derartigen Anlage kann man im Monat 50 bis 100 Kilowattstunden entnehmen. Das reicht für ein Wochenendhaus mit Licht und Radio und für das in den USA so wichtige Funkgerät. Auch die vielen Amateur-Observatorien sind mit Windlader ausgestattet. Der

142

jährliche Absatz der Geräte liegt bei über 100 000 Exemplaren.

Es sieht fast so aus, als ob das Windrad über den Windlader (und die Windpumpen) seine Wiedergeburt erfahren würde; denn die Nachfrage steigert sich von Monat zu Monat.

So wurden auch in Europa in den letzten Jahren Herstellerfirmen für Kleinwindräder ins Leben gerufen, die Zwei-, Drei- und Mehrflügler anbieten, von denen zwei typische Vertreter hier abgebildet sind. Die Ausführung a wurde in den USA entwickelt, wird aber jetzt auch in Europa gebaut. Das Modell b eignet sich besonders für windschwache Gebiete und wird z. B. von Lubing hergestellt.

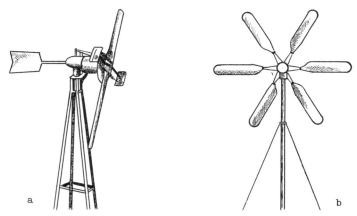

Prototypen von Windladern und Windpumpen

Fast alle Windradhersteller bauen auch Windlader. Sie sind im nächsten Kapitel zusammengestellt.

Es ist aber für handwerklich Begabte ohne weiteres möglich, sie selbst zu bauen, da Windräder mit einem Durchmesser von 2 m kaum Festigkeitsprobleme in sich bergen, wenngleich man auch hier die enormen Sturmkräfte nicht unterschätzen sollte. Doch schon Autofelgen mit angeschweißten Stahlrohren als Ruten, an denen ausreichend dicke Flügelbleche angeschraubt werden, ergeben bereits eine zuverlässige Antriebsmaschine für den Ladedynamo. Eine Drehzahlregelung ist heute kaum noch nötig, da die Ladespannung leichter elektronisch geregelt wird.

Obgleich die Nachfrage nach Windladern und Windpumpen derzeit überwiegt, wächst auch bereits allgemein das Interesse am größeren Windrad, das den Gesamtbedarf einer Familie, eines kleinen Betriebes oder Bauernhofes decken kann. Der Bürger hat ein sehr ausgeprägtes Empfinden dafür, wann er selbst für die Sicherheit seiner Zukunft etwas unternehmen muß, weil die Allgemeinversorgung eines Tages nicht mehr unbedingt in dem gewünschten Maß gewährleistet sein kann.

Moderne Windräder und Windkraft-Versuchsanlagen

Wenn auch die Windkraft nicht Grundenergie für einen Industriestaat sein kann, so ist doch das Interesse an ihrer Nutzung im 20. Jahrhundert nie ganz geschwunden. Nach dem ersten und nach dem zweiten Weltkrieg wurden Forschungsaufträge vergeben und Versuchsanstalten gegründet, um zu erfahren, welchen Betriebsforderungen der Wind genügen kann.

Um die notwendigen Aufschlüsse darüber zu erhalten, ob nicht sogar der Einsatz von Großwindkraftwerken sinnvoll und vertretbar ist, wurde in Deutschland in den dreißiger Jahren die ,,Reichsarbeitsgemeinschaft Windkraft" (RAW) unter Mitwirkung von namhaften Wissenschaftlern und der Industrie gegründet. Eine Versuchsanlage in Weimar diente vor allem dazu, die Windausnutzung im Dauerbetrieb kennenzulernen und geeignete Windradformen zu erproben.

Es waren zwei Windräder mit Leistungen von 5 kW beziehungsweise 10 kW in Betrieb. Eine weitere Anlage mit 50 kW war in Vorbereitung. In Weimar wurde damals ein Wirkungsgrad von 47 % (absolut), also einschließlich der Energieverluste der Wasserpumpen erreicht. Das sind 84 % des Windleistungsangebotes. Er setzt sich wie folgt zusammen: 60 % maximale Windnutzung, 90 % aerodynamischer Wirkungsgrad der Flügelprofile und 87 % Wirkungsgrad der Wasserpumpen.

Die Kriegsereignisse verhinderten die Fertigstellung der ganzen Versuchsanlage und die Auswertung der Ergebnisse, so daß sich erst zehn Jahre nach dem zweiten Weltkrieg eine ,,Studiengesellschaft Windkraft e.V.", 1949 von H. Christaller in die Wege geleitet, der Probleme von neuem annahm.

Projekt der Windkraftversuchsanlage in Weimar

Der wissenschaftliche Verein plante an Hand eines (später 1959 erbauten) 100 kW-Werkes die wirtschaftlichen Anwendungsmöglichkeiten von Windkraftwerken für die Energieerzeugung zu klären. Zunächst wurden jedoch Untersuchungen an modernen dreiflügeligen Windrädern von 10 m Raddurchmesser und 8,8 kW Leistung der Firma Allgaier Werke GmbH. durchgeführt, von denen 1952 in Deutschland 25 Anlagen und im Ausland 70 in Betrieb waren.

Seit Anfang 1975 existiert in Deutschland ein „Forschungsinstitut Windenergietechnik" unter der Leitung von Prof. Dr. Hütter mit dem Sitz in Stuttgart.

Windkraftanlagen — Versuchsstand

Dank der hier ausgezeichneten Windverhältnissen hat lange Zeit Dänemark das größte Windkraftwerk Europas besessen. Die Firma Smidth/Kopenhagen baute Ende der dreißiger Jahre für eine Zementfabrik in Aalborg ein zweischaufeliges Windrad mit einem Durchmesser von 17,5 m und einer Leistung von 60 kW bei einer Windgeschwindigkeit von 11,6 m/s. Die Drehzahl beträgt dabei 100 UpM. An den Flügelspitzen herrschen also Stürme von 325 km/h. Das ist schon die Geschwindigkeit eines Flugzeuges. Es ist verständlich, daß hier die Flügelprofile ebenso genau wie bei einem Flugzeug berechnet und geformt sein müssen, wenn keine Wirbel entstehen sollen. Die hohe Drehzahl verlangt sehr schmale Flügel, die im Stillstand dem Wind kaum eine Angriffsfläche bieten und erst bei ihrem schnellen Umlauf die ganze Windradfläche ausnutzen. Weil eine solche Turbine erst bei starken Winden anlaufen würde, bei Winden, die an den La Cour-Mühlen schon eine Reffung der Flügelbespannung erfordern würde, bringt man diesen Zweiflügler mit dem zum Motor umschaltbaren Generator auf die Nenndrehzahl, bis er selbst durch Bestreichung der ganzen Windradfläche Leistung abgeben kann. Die Drehzahlregelung erfolgt dann mittels kleiner Plättchen auf der Leeseite der Flügel, die bei Verstellung Wirbel bilden und so die Leistung herabsetzen, bis die Drehzahl wieder normal ist. Dann kehren die Bremsklappen wieder in ihre neutrale Lage zurück. Die Flügel sind leicht nach hinten

Dänischer Aeromotor in Aalborg, 60 kW, 100 U/min

30 m-Windrad in Balaklawa/Krim („ZWEI D 30"), 92 kW, 25 U/min

147

geknickt, so daß die Zentrifugalkräfte eine Kraftkomponente erzeugen, die der nicht unerheblichen Windlast entgegenwirkt. Die Einstellung in die Windrichtung wird durch die bekannten seitlichen Rosetten herbeigeführt.

Dieser Aeromotor, wie ihn die Dänen nennen, treibt einen Asynchrongenerator über ein Getriebe an, der sich in einer Gondel auf dem 30 m hohen Turm befindet. Der schwächste Punkt der Anlage sind die überaus schmalen Flügel. Bei den hohen Zentrifugalkräften führt eine Materialermüdung oder gar ein kleiner Materialfehler unweigerlich zum Bruch.

In der UdSSR waren es vor allem die weiten Entfernungen und die damit verbundenen großen Transportkosten für Kohle oder Strom, die den Gedanken an die Nutzung der Windkraft in den zwanziger und dreißiger Jahren aufkommen ließen. Nach Dimitri Stein wurden systematisch zehn Typen entwickelt. Davon waren 8 Schnelläufer mit 2 bis 4 Flügeln. Das auf der vorhergehenden Seite gezeigte Werk „ZWEI D 30” wurde 1930 bei Balaklawa auf der Insel Krim aufgestellt. Seine Leistung betrug 92 kW (125 PS) bei einer Windgeschwindigkeit von 8 m/s. Der Windraddurchmesser betrug 30 m, die Turmhöhe 25 m. Die drei Flügel waren mit Bremsklappen auf der Leeseite ausgestattet und trieben einen Asynchrongenerator an, der in der Gondel untergebracht war. Die Einschwenkung in die Windrichtung wurde durch einen großen Ausleger automatisch herbeigeführt, der auf einem Rundgeleise mit einem Durchmesser von 41 m lief und durch einen 1,5 PS-Motor angetrieben wurde.

Ein anderer gleichgroßer Typ „WIME D 30” wurde statt mit einem Ausleger mit zwei Windrosetten von je 4,5 m Durchmesser in den Wind gedreht. Das Werk leistete 75 kW (100 PS). Bei einem Windrad in der Arktis konnten mit einer Regelung nach Professor Sabinin die Drehzahlschwankungen auf 1,5 bis 2,5 % eingeschränkt werden. Die russischen Untersuchungen haben erstmalig ergeben, daß ein dreiflügeliges Windrad unter allen Schnelläufern statisch, aerodynamisch und drehzahlmäßig das erreichbare Optimum darstellt. Zu diesem Ergebnis sind später nahezu alle Ersteller von Schnellläufern und Großprojekten gekommen. Dabei handelt es sich natürlich nicht um ein Dogma, sondern um einen technisch-wirtschaftlichen Kompromiß, der nicht für alle Windverhältnisse oder Antriebszwecke gültig sein muß.

Ab 1943 wollte Rußland jährlich 28 500 Windmotoren mit einer Gesamtleistung von 161 200 PS bzw. 118 000 kW, also 118 Megawatt (MW) aufstellen. Zum ersten Mal in der Windradgeschichte wurde mit einer realen jährlichen Zuwachsrate in Megawattgröße gerechnet. Zur Errichtung auf der Krim wurde bereits ein Windkraftwerk mit einer Einzelleistung von 8 500 kW projektiert, dessen Windraddurchmesser 80 m bei einer Drehzahl von 20 UpM haben sollte. Sein Arbeitsbereich lag zwischen Windstärken von 6 bis 20,3 m/s. Der Gesamtwirkungsgrad einschließlich der Verluste des Flüssigkeitsgetriebes und der Generatoren wurde mit 47 % angenommen. Die Generatorleistung von 8 500 kW sollte durch zwei verschieden große Maschinen mit 5 000 und 3 500 kW bereitgestellt werden, so daß der Aufwand für die Erregung der Generatoren, der Eigenverluste und Lagerreibungen bei schwachen Winden nur für den kleinen Generator aufgebracht werden mußte. Das Projekt dürfte schon baureif gewesen sein. Der rasche Aufschwung der Industrie nach dem zweiten Weltkrieg erforderte jedoch andere Größenordnungen und schnellere Erhöhung des Angebotes an elektrischer Energie.

Die Vereinigten Staaten von Nordamerika haben sich bis jetzt in der Praxis am weitesten vorgewagt. Man baute hier im Jahr 1941 auf dem Grandpas Knob in den Green Mountains auf einer Höhe von 600 m einen 30 m hohen Stahlgitterturm und installierte auf ihm ein zweiflügeliges Windrad mit einem Durchmesser von 52,5 m (siehe Bild). Jede Schaufel hatte eine Länge von 19,5 m und eine Breite von 3,3 m. Ein innerer Kreis von 13,5 m (25,7 %) blieb frei und somit ungenutzt. Die Leistung des Werkes betrug 1 000 kW bei einer Windgeschwindigkeit von 13 m/s, wie sie dort während 4 000 bis 5 000 Stunden im Jahr vorherrscht. So günstige Standorte sind jedoch ziemlich selten. In der Regel müßte man einen höheren und teureren Turm bauen. In Deutschland kann man je nach Gegend in 30 m Höhe vielleicht gerade mit 5 m/s rechnen.

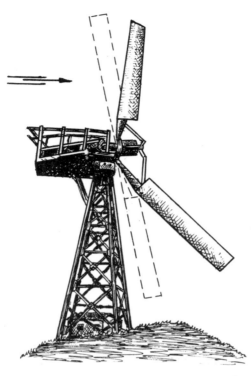

1 000 kW-Windkraftwerk
in den USA, 1941

Über dieses jahrzehntelang größte Windkraftwerk muß noch einiges berichtet werden, schon damit keine falschen Schlüsse aus seinem Geschick gezogen werden.

Es handelt sich um ein Versuchskraftwerk, das mehr der Forschung als der Erzeugung von Kilowattstunden diente. Am 19. 10. 1941 wurde es in Betrieb genommen und war zunächst bis 20. 2. 1943 betriebsbereit. In dieser Zeit war es 695 Stunden auf das Netz geschaltet und hat 298 000 kWh abgegeben. Dann trat ein Fehler am Hauptwellenlager auf, der wegen des Krieges erst am 3. 3. 1945 behoben wurde. In den folgenden drei Wochen lieferte das Werk noch einmal 61 780 kWh.

Am 26. 3. 1945 brach während eines gleichmäßigen Windes von 19,5 m/s ein Flügel am Außenrad einer Schraubenverbindung, — wie sich herausstellte, infolge eines in der Stillstandszeit korrodierten Sprunges, der auf eine frühere Überbelastung zurückzuführen war. Der abgebrochene Flügelteil

150

flog 300 m weit. Die sofortige Untersuchung des anderen Flügels zeigte an der gleichen Stelle bereits einen ähnlichen Riß. Man muß somit auf einen echten Konstruktionsmangel schließen. Die Sicherheitszuschläge für schnell umlaufende, relativ schmale Flügelblätter hätten außerdem höher liegen müssen. Das Rad wurde daher nicht mehr repariert.

Trotzdem sollen noch einige wesentliche Daten des 1 000 kW-Werkes gebracht werden, da sie technisch immer noch von Interesse sind.

Die zwei Flügelblätter waren aus rostfreiem Stahl geschweißt und hatten ein Einzelgewicht von 6 900 kg. Die Flügelspitzen reichten bis auf weniger als 10 m zur Erde herab. Das Windrad selbst war auf der Leeseite des Turmes angebracht, so daß es von den Windkräften automatisch in die richtige Lage geschwenkt wurde. Bei Sturmböen klappten sich die Flügel bis zu 20 Grad zurück, um die starken Biegungsmomente abzufangen. Der Klappvorgang wurde hydraulisch gebremst. Die Schaufeln waren für einen Sturm von 62,5 m/s (225 km/h) berechnet. Bei Windstärke 12 (44 m/s oder 160 km/h) konnten die Flügel noch eine Eisschicht von 15 mm Dicke tragen.

Die Drehzahl betrug 30 UpM und wurde schon durch Flügelverstellung ähnlich einer Kaplan-Wasserturbine reguliert, so daß die Flügelprofile immer die richtigen Anstellwinkel hatten, was bei großer Schnelläufigkeit dringend erforderlich ist. Man muß sich vorstellen, daß bei dieser Drehzahl und dem großen Raddurchmesser die Flügelspitzen sich mit einer Geschwindigkeit von 295 km/h fortbewegen. Geringe Abweichungen von der theoretischen Flügelstellung bringen sofort Wirbelverluste. Es ist verständlich, daß die Verluste bei Flügeln, die langsamer umlaufen, wesentlich geringer sind. Das ist mit ein Grund, warum immer mehr der Dreiflügler bevorzugt wird; denn die Drehzahlen verhalten sich zur Flügelzahl umgekehrt proportional.

Zum Schluß soll noch erwähnt werden, daß die Windradachse gegen die Waagerechte um 12 Grad geneigt war, um den jeweils unteren Flügel aus der Wirbelzone des Turmes zu halten. Das Windrad trieb über eine Flüssigkeitskupplung und ein zweistufiges Getriebe den mit 600 UpM laufenden Drehstrom-Synchrongenerator mit den in Amerika üblichen

60 Hertz bei 2 300 Volt an. Alle Vorgänge einschließlich der Synchronisierung waren automatisiert, so daß die Anlage bedienungsfrei lief und sich selbsttätig zu- und abschaltete, wenn durch den Wind eine Überlast für den Generator entstand, oder Flauten dazu führen würden, daß die Anlage Strom aufnehmen würde, statt Strom abzugeben.

Die Gesellschaft plante, ebenfalls in den Green Mountains, noch ein Windkraftwerk mit 1 500 kW und projektierte eine Anlage mit 6 500 und 7 500 kW auf Türmen von je 145 m Höhe. Sie alle wurden jedoch nicht gebaut, weil die Nachkriegsentwicklung andere Prioritäten gesetzt hatte.

In England hat die Electrical Research Association vom Staat großzügig unterstützt auf den windreichen Orkney-Inseln ein 100 kW-Werk mit einem 18 Meter-Windrad erstellt, das sich auch bei schwersten Stürmen bewährte. Ein gleichstarkes Werk nach System Andreau mit einem Raddurchmesser von 24 m wurde in St. Albans in Wales erprobt und dann in Algier aufgestellt. 1960 wurde eine dritte 100 kW-Anlage erbaut. Alle Werke hatten starre Flügelblätter und arbeiteten ohne Schwierigkeiten auf ein starres elektrisches Netz.

In Frankreich wurde 1958 südlich von Cherbourg ein Versuchswerk mit 130 kW Leistung mit einem 21 Meter-Windrad in Betrieb genommen. Von den großen Windkraftwerken hält man aufgrund der bisherigen Erfahrungen in Frankreich solche mit 300 kW Leistung für wirtschaftlich am günstigsten, da sie noch in Serienherstellung fabriziert werden könnten.

Das klassische Windenergieland Dänemark hat neben einem 45 kW-Werk eine Versuchsanlage von 200 kW mit einem Windraddurchmesser von 24 m im Jahr 1957 in Betrieb genommen. Auch dieses Werk hatte noch starre Flügel mit Bremsklappen zur Regulierung.

In Deutschland hatte die schon erwähnte „Studiengesellschaft Windkraft" 1955 eine Windkraftentwicklungsgemeinschaft zu dem Zweck gegründet, eine 100 kW-Versuchsanlage in Stötten bei Geißlingen zu errichten. Das Werk erhielt einen Turm von 22,30 m Höhe, der aus drei Rohren von 500 bis 600 mm ϕ mit einer Wandstärke von 8 mm bestand. Statt mit Seilen wurde er mittels eines Verbandes von Abspannstangen von 50 mm Durchmesser abgestützt. Das Windrad bestand aus zwei schmalen Flügeln, die einen Raddurchmesser

100 kW-Versuchswind-
kraftanlage der deutschen
„Studiengesellschaft Windkraft" bei Stötten, 1959

von 34 Meter ergaben. Die Anlage wurde von der Allgaier
Werkzeugbau GmbH Uhingen nach den Entwicklungsplänen
von Prof. Dr. Hütter ausgeführt. Die Flügelblätter wurden aus
einem glasfaserverstärkten Kunststoff hergestellt, der sich
später bei Reparaturen als sehr vorteilhaft erwies. Die
Schnelläufigkeit des Werkes betrug bei Nenndrehzahl von
34 UpM und dem Ausbauwind 8 m/s gleich 6,7. Der Generator wurde über ein dreistufiges Getriebe und eine Keilrie-
menübersetzung auf eine Drehzahl von 1 500 UpM gebracht.
Er war eine Sonderkonstruktion, bei der ein asynchroner Betrieb möglich war. Kurz vor Erreichung der synchronen Drehzahl wurde durch Zuschaltung der Erregung das Windrad in
den Parallelbetrieb gezogen. Die Regelung der Drehzahl und
damit der Leistung erfolgte hydraulisch ähnlich wie bei Was-
serkraftturbinen, jedoch mit einer zusätzlichen Automatik,
welche die Windkennlinien mit einbezog. So begann bei
einer Windstärke von 3 m/s der Öldruck die beiden Drehflügel
in die günstigste Anfahrstellung zu drehen. Die Anlage arbeitete voll automatisch. Die Flügel hatten ein Gewicht von
1,36 t, der Rohrturm mit Abspannung wog 4,54 t, die ma-
schinellen Einrichtungen 7,16 und die Betonfundamente 72

Tonnen. Die Erfahrungen des fünfjährigen Parallelbetriebes mit dem Netz waren sehr aufschlußreiche, sind aber nur für Schnelläufer mit Drehstromgenerator gültig.

Im Laufe der letzten Jahre richten sich immer mehr Firmen auf die Herstellung von Windkraftanlagen ein, z. B.:

American Wind Turbine, Stillwater, Oklahoma 74074 (USA)
Aerowatt S.A.,37, rue Chanzy, 75011 Paris (Frankreich)
Ballyhale Wind-Pump, Kilkenny (Irland)
Brümmer-Windkraftanlagen, Mühlenstr. 1–8, D-3522 Karlshafen 2
Dan-Orbit, v/Th. J. Myre, Hårbyvej 47, DK-8464 Galten
Dansk Vindkraft Industri Aps. Nygård, Valsømagle; DK-4100 Ringsted
Dunlite Electrical, 21 Fromme Street, Adelaide (Australien)
Elektro GmbH Winterthur, St. Gallerstr. 27, CH-8400 Winterthur (Schweiz)
Goslich H., Körnerstr. 58, D-5650 Solingen
Helion, P.O. Box 4301, Sylmar, California 91342 (USA)
Heller-Aller Co, Napoleon, Ohio 43545 (USA)
Lubing-Windkraftanlagen, Postfach 110, D-2847 Barnstorf
NOAH-Energiesysteme, D-5202 Hennef 1 ,Wippenhohner Str. 31
North Wind Power Co, Warren, Vermont 05674 (USA)
Wind Power Systems, San Diego, California 92117 (USA)
Winson GmbH, Postfach 1466, D-2330 Eckernförde

Windmeßgeräte:

Th. Friederichs, Postfach 1105, D-2000 Hamburg/Schenefeld 1

Sie sind z. Zt. dabei, ihre Muster zu erproben, so daß in ein bis zwei Jahren ein brauchbares Angebot für Hauswindräder vorliegen wird.

Die Firma NOAH hatte 1973 auf der Insel Sylt eine Anlage mit zwei gegenläufigen Rotoren und Flügeln, die der dänischen Form bei Gedser nachgebildet waren, aufgestellt. Die Flügel fielen zunächst zwei Stürmen zum Opfer. Bei der Erneuerung wurde dann vom Doppelrotor abgegangen. NOAH bietet heute Werke mit 130 kW (DM 89 000,–), 90 kW (DM 75 000,–) und 45 kW (DM 49 000,–, alle Preise von 1976) an.

Die gezeigte sechsflügelige Anlage wurde 1975 in der Schweiz aufgestellt. Sie eignet sich für mittlere Windstärken und variable Drehzahlen, also für Heizungszwecke, Warmwasserbereitung, Ladung von Batterien, Wasser-Pumpen und -Entsalzung, Kühlung und für alles, was keine feste Drehzahl braucht. Die Anlage ähnelt den in den dreißiger Jahren in Niedersachsen aufgestellten Wasserschöpfanlagen. Eine Ausstattung mit Drehflügelregelung würde nicht nur die Leistung sondern auch die Zahl der Verwendungszwecke erhöhen.

154

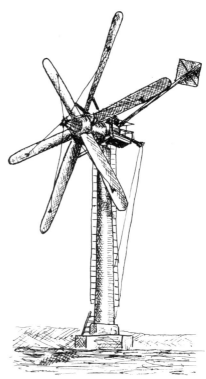

Sechsflügeliges Windrad
der NOAH Energie
Systeme GmbH mit
90 kW Leistung bei
einem Windraddurch-
messer 12 m, einer
Windstärke von rund
10 m/s

Auf die Gefahr einer Wiederholung hin ist es vielleicht
doch angebracht, einige Betrachtungen über die Flügelanzahl
bei Windrädern anzustellen. Ob ein Windrad nur zwei Flügel
oder 150 Flügel hat, ist für die Leistung des Windrades unerheblich. Wählt man nur zwei, so muß sich dieser sehr schnell
drehen, um die gesamte Windradfläche zu bestreichen und
aus ihr die größtmögliche Leistung zu entnehmen. Bei 150
Flügeln darf sich das Windrad nur sehr langsam drehen, da jedem Flügel zur Leistungsentnahme lediglich ein Sektor zur
Verfügung steht, der den 150. Teil der Windradfläche aus-
macht.

Auch im Wirkungsgrad unterscheiden sich die Windräder
nicht, solange das gleiche, hochwertige Flügelprofil verwendet
wird. Im Wirkungsgradverlauf bei verschiedenen Windstärken
sowie bei den Anfahrverhältnissen und den Erstellungskosten
sind aber die Unterschiede recht beträchtlich. Die hohe Drehzahl eines Einflüglers erfordert hochwertiges Flügelmaterial,

genaueste Drehflügelregelung und eine Kompensierung der einseitigen Fliehkräfte des Flügels mit Hilfe eines entgegengesetzten Ausgleichgewichtes gleicher Größe. Das einzige schmaleFlügelblatt hat im Stillstand jedoch so wenig Angriffsfläche, daß es kaum von selbst anlaufen kann. Dafür bietet es eine hohe Drehzahl, was kleine und billige Generatoren zur Folge hat, und bei großen Windstärken noch eine gute Windausnutzung. Ein solches einflügeliges Windrad kann in jeder vernünftigen Größe gebaut werden, wird aber immer ein Aussenseiter bleiben.

Bei einer Amerikanischen Windturbine mit 150 Flügelblättern liegen die Verhältnisse umgekehrt. Es macht vielleicht nur 1 bis 2 Umdrehungen je Minute. Das erfordert oft Getriebe mit hoher Übersetzung. Dafür sind die Anfahrverhältnisse ideal, da die das ganze Windrad bedeckenden Flügel auch im Stillstand dem Wind eine große Angriffsfläche bieten. Es leuchtet ein, daß ein solches Rad schon bei kleinen Windstärken eine gute Leistung abgeben wird, während starke Luftströmungen dem fast undurchdringlichen Rad auszuweichen beginnen. Der Wirkungsgrad fällt also mit zunehmender Windstärke immer mehr ab. Die niedrige Drehzahl verlangt allerdings nur billige Flügel aus gewölbten Blechen.

Es gibt kaum eine Kraftmaschine, bei der so viele Kompromisse bei der Festlegung der technischen Daten gemacht werden müssen, wie beim Windrad. Das Stöttener Windrad stellt beispielsweise solch einen technisch-wirtschaftlichen Kompromiß dar: Um eine möglichst hohe Drehzahl zu erreichen, wurden nur zwei Flügel gewählt, obschon drei Flügel günstigere aerodynamische Verhältnisse gegeben hätten; aber mit der Drehzahl wächst die Empfindlichkeit gegen Anstellfehler. Diese aber lassen sich hier nicht vermeiden, da der fest verschränkte Flügel nur bei einer ganz bestimmten Windgeschwindigkeit, dem Ausbauwind, richtig dimensioniert ist. Den harten Rückstauwellen, die dem Zweiflügler vom Turmprofil her zusetzen, ist man durch die Schrägstellung der Achse und der Neigung der Flügelblätter begegnet.

Jeder von uns hat schon beim Hubschrauber das harte Schlagen der Propellerluft am Rückstau des Flugzeugrumpfes vernommen. Würde man die Flügelzahl nur etwas erhöhen und den Abstand der Luftschraube nur um einen halben

Meter vom Rumpf vergrößern, so könnte man dieses Schlagen, das einer rhythmischen Leistungsminderung entspricht, vermeiden und der Hubschrauber wäre (bei zusätzlicher Verwendung eines dämpfenden Auspuffs) nur noch auf eine kurze Strecke hörbar und sehr spät zu orten.

Beim Windrad interessiert uns natürlich nur der rhytmische Leistungseinbruch. In Stötten ist der Turm aus verkleideten Stahlrohren als so schmales Rundprofil konstruiert, daß die Leistungsschwankungen hingenommen werden können.

Das Flügelprofil muß bei einem solchen Schnelläufer, dessen Flügelspitzen in einem Gegenwind von über 200 km pro Stunde laufen, sehr genau berechnet werden. Es muß einen hohen Wirkungsgrad garantieren. Zu diesem Zweck wird das Profil vorher im Windkanal genau untersucht.

Auch sonst muß der Flügel der Propellertheorie weitgehend entsprechen. Um das verständlich zu machen, soll kurz auf die Verschränkung eines Flügel eingegangen werden.

Als Verschränkung bezeichnet man allgemein die räumliche Abweichung der Flügelsehne an irgend einer Stelle im Vergleich zu der Flügelstellung an den Flügelspitzen. Das hört sich sehr theoretisch an, ist aber ganz einfach.

Jeder Radfaher hat schon folgenden Effekt selbst feststellen können. Steht er mit seinem Fahrrad gegen den Wind, so fühlt er nur den natürlichen Wind von vorn. Fährt er dagegen mit der Windgeschwindigkeit gegen den Wind, so verdoppelt sich sein Gegenwind. Fährt er in umgekehrte Richtung, so wird es für ihn windstill, und fährt er quer zum Wind, so weht der Wind für ihn schräg von vorne im 45-Grad-Winkel und mit fast eineinhalbfacher Stärke. Das heißt, der natürliche Wind von der Seite und der Gegenwind von vorne addieren sich geometrisch wie in einem rechtwinkeligen Dreieck die beiden Katheten, welche die Hypotenuse, wie bekannt, bestimmen. Das ist alles. Die Richtung der Hypotenuse entspricht also der relativen Anströmung am Windrad, in die das Flügelprofil angestellt werden muß. Um es noch deutlicher zu machen ist im Bild ein nach der Propellerformel berechneter Flügel gezeichnet, der sowohl die Flügelbreite als auch die Verschränkung sichtbar macht. In Achsnähe ist man jedoch in der Formgebung ziemlich frei, da das innere Drittel des Windrades zur besseren Windabströmung nicht genutzt werden darf. Die starke Verbreiterung des Flügels in Achsnähe hat man deshalb zurecht bei dem Windrad in Stötten nicht ausgeführt.

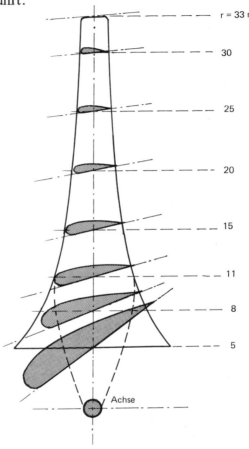

Theoretische Flügelform nach der Luftschraubenformel. Die starke Verbreiterung in Achsnähe wird in der Praxis ignoriert

Es würde hier zu weit führen, die Berechnung eines Flügels vorzuführen. Nur soviel soll noch erwähnt werden, daß die Flügelbreite nicht nur von der Flügelanzahl, sondern von deren Profil, vom Ausbauwind und der Drehzahl abhängt.

Bei jedem Radius des Windrades ergeben sich damit andere Flügelabmessungen, da die Umfangsgeschwindigkeit nach aussen immer mehr zunimmt.

158

Großwindkraftprojekte

Die *Windmühle* hat in Europa noch immer einen festen Platz in der Vorstellungswelt der Bewohner. Wie sehr das der Fall ist, kann man daraus ablesen, daß das internationale Mühlenmuseum, das Horst Wrobel in Suhlendorf bei Uelzen (Lüneburg) aufgebaut hat, jährlich von 50 000 interessierten Menschen besucht wird.

Das 19. Jahrhundert mit seiner Unzahl von Erfindungen schuf die Voraussetzungen für den industriellen Aufschwung des 20. Jahrhunderts, der den Windmühlen zunächst den Wind aus den Segeln nahm, aber gleichzeitig eine schmale Basis derspäteren Windenergie induzierte.

Die Kohle war die Zukunft des 20. Jahrhunderts. Sie schenkte Wärme, Kraft und Licht, sowie Fette, Öle, Benzin und Kunststoffe jeder Art, und neuerdings Proteine für die Ernährung von Menschen und Tieren. Allein die Reihenfolge der aufgezählten Produkte drängt uns nüchtern den Gedanken auf, daß es eigentlich unverantwortlich ist, die Kohle zu verheizen. Das gleiche gilt auch für das Rohöl, das ja aus einem Kohlenwasserstoffgemisch besteht. Aber, ob es vernünftig ist oder nicht, wir können auf diese Rohstoffe als Energieträger˙ vorerst nicht verzichten, wenn es nicht alle Völker gleichzeitig tun; denn Energie bedeutet Handelsware, technischen Fortschritt und Lebensmöglichkeiten für die zu hohe Bevölkerung unserer Erde. Deshalb auch werden andere Energieträger wie Uran, das fast nur energetischen Wert hat, sowie die kinetische Energie des Wassers eingesetzt. Und deshalb wirft man auch immer wieder einen flüchtigen Gedanken auf die Windenergie, die trotz ihrer langen segensreichen Vergangenheit den zweifelhaften Ruf der unvollkommendsten Energieform hat.

So sind auch immer wieder Projekte von Großwindkraftwerken vorgelegt worden, die zwar meist zu groß und phantastisch gerieten, aber doch neue Dimensionen zur Diskussion stellten. Das ist ihr Hauptverdienst. Deshalb sollen auch einige Großprojekte gezeigt werden, aus deren Studium das Brauchbare und das Unbrauchbare erkannt werden kann.

Bei der Suche nach brauchbaren Lösungen sind auch wieder Windturbinen mit vertikaler Achse vorgeschlagen worden. Untersucht man das abgebildete Projekt von G. Ribbe näher und setzt statt der Leit- und Laufschaufeln nach Wolf moderne, drehbare Schaufeln nach Jackson oder Voith-Schneider ein, ergibt sich, daß das Werk etwa 1 000 kW erbringen könnte, sofern nicht Windstille herrscht. Damit lassen sich die 500 Wohnungen des die Turbine tragenden Hochhauses mit Strom versorgen, wenn der Verbrauch zeitlich geregelt werden kann. Das ist für unsere verwöhnten Ansprüche sicher nicht ausreichend; aber die viel zitierte Steinzeit bricht für die Bewohner wenigstens nicht wieder aus. Das Hochhaus ist nach Ribbe 360 m hoch und hat einen Durchmesser von etwa 70 m. Im oberen Drittel ist die Windturbine untergebracht. Der brauchbare Kern dieser Idee sollte vermutlich sein, den teuren, hohen Turm einer Großwindanlage nicht als toten Bau zu investieren, sondern wirtschaftlich, ökonomisch und ökologisch zu nutzen. Nachdem Großwindkraftwerke sich nur unzureichend der Landschaft anpassen, wäre diese Lösung architektonisch zu bevorzugen.

Die heutigen intimen Kenntnisse der Aerodynamik ermöglichen neue Windflügelformen und Windräder, die immer mehr unter dem Sammelnamen Windenergiekonverter zusammengefaßt werden. Dieser richtige aber etwas spröde Begriff besagt nur, daß hier die Windenergie in eine andere Energieform umgewandelt wird. Doch jede Kraftmaschine tut letzten Endes nichts anderes, als eine Energieform in eine andere umzuformen. Der Satz von der Erhaltung der Energie

Links: Hochhaus-Projekt eines Großwindkraftwerkes von G. Ribbe. — Rechts: Windenergieturm mit gebogenen Vertikalblättern von Jean Fisher

läßt keine Neuentstehung zu. Aber die Art der Umwandlung ermöglicht viele Lösungen. Und die letzte Turbinenform ist noch nicht erfunden.

Im Jahr 1925 hat der Franzose Darrieus eine neue Vertikalturbine vorgestellt, die aus senkrechten, gebogenen Flügelblättern, einer vertikalen Achse und zwei Lagern besteht. Die schlanken, profilierten Blätter sind biegsam und bauchen sich mit zunehmender Drehzahl aus, sind aber nicht willkürlich verstellbar wie bei einem normalen Drehflügler. Man muß deshalb, wenn man Wirbelverluste vermeiden will, die Drehzahl mit der Windstärke variieren lassen, um die Anstellungswinkel an den Profilen immer optimal zu halten. Die wenigen schmalen Flügelblätter, die im Stillstand außerdem eine beliebige Stellung zur Windrichtung haben, sind auch kaum fähig, das Windrad ohne Starthilfe anfahren zu lassen. Aber das trifft auf viele Schnelläufer zu.

Im Jahr 1974 hat der Däne Jean Fischer diese Turbine mit den vertikalen Flügelblättern zur Grundlage seines Modelles für einen Windenergieturm gemacht. Dabei sind auf einer gemeinsamen Welle fest montierte Vertikalblätter in verschiedenen Stockwerken vorgesehen. Jede der sich mit der Welle drehenden Scheiben hat eine andere Stellung zur allgemeinen Windrichtung, so daß sich ein sehr runder Lauf ergibt.

Die von den Blättern beschriebene Kreisfläche nutzt natürlich den Turmquerschnitt nicht voll aus. Der praktische Wert und die technischen Daten müssen einem anderen Band vorbehalten bleiben, da die strömungstechnischen Zusammenhänge ziemlich kompliziert sind.

Die Versuchung ist für mehr oder weniger Berufene groß, dem Windrad angesichts der Verschwendung fossiler Bodenschätze eine energetisch interessante Größenordnung zu verleihen. Von Zeit zu Zeit treten immer wieder Ingenieure und Erfinder mit mehr oder weniger brauchbaren Ersatzlösungen hervor. Hier sollen davon nur die Projekte vorgestellt werden, die zumindest auf solide technische Kenntnisse schließen lassen.

Im Jahr 1932 hat der Ingenieur Hermann Honnef (1878 bis 1961) sein großes Projekt ausgearbeitet, das alle bis dahin gedachten Ausmaße eines Großwindkraftwerkes um eine ganze Dezimalstelle übertraf. In seinem Buch „Honnef Windkraftwerke" sind seinerzeit die Pläne mit statischen, maschinenbautechnischen und aerodynamischen Berechnungen erschienen. Es ist zweifellos sein Verdienst, den Gedanken an Großwindkraftwerke der reinen Utopie entzogen zu haben. Hinsichtlich der Werksgröße und seiner Wirtschaftlichkeitsberechnung lag er jedoch sicher jenseits des damals Machbaren. Er propagierte ein Einheitsrad mit 20 000 kW Leistung und gedachte bis zu fünf solcher Windräder, also 100 000 kW auf einen Turm zu montieren. 100 MW aber waren damals sogar für Dampfkraftwerke noch eine respektable Leistung, wenn es auch schon größere Einheiten gab. Das erste Bild zeigt das Honnef-Projekt mit drei Windrädern. Bei Überlast oder Sturm muß der Tragrahmen mit den Windrädern in die Waagerechte geschwenkt werden, wie es das zweite Bild mit dem Fünfradmodell demonstriert. Honnef rührte dabei an die Grenzen der heutigen Statik.

Ansicht der Honnef'schen Standard-Windkraftwerke mit drei Rädern

Interessant ist bei diesem Entwurf, daß jedes Windrad aus zwei gegenläufigen Rädern besteht. Das hintere Rad hat einen Durchmesser von 160 Meter. Das vordere Rad ist um soviel kleiner gehalten, daß die überstehende Fläche des Hinterrades gleich der Gesamtfläche des Vorderrades ist, wobei die Anstellwinkel der Flügel der beiden Räder spiegelbildlich gehalten sind, so daß die beiden Räder verschiedene Drehrichtungen haben.

Der Generator ist als Ringgenerator gedacht, der einen Durchmesser von 121 Meter haben soll. Durch die Gegenläufigkeit der beiden Räder, ergibt sich im Luftspalt des Generators zwar eine doppelte Polgeschwindigkeit, aber bei der Größe dieser Windräder ist die Drehzahl so minimal, daß der

Projekt eines 100 MW Windkraftwerkes von Hermann Honnef, 1932; Windradgestell in waagerechter Sturmstellung

Generator zur Aufnahme der Magnetpole diesen Durchmesser benötigt.

Weil die Höhenwinde stärker und gleichmäßiger sind, wählte Honnef eine Höhe von 250 m für den Turm und ist dabei an einer oberen, möglichen Grenze. Das Gewicht des Turmes sollte 3 118 Tonnen haben. Dieses Gewicht scheint reichlich niedrig zu liegen, wenn man damit das Gewicht des 300 m hohen Eiffelturmes von 7 175 Tonnen vergleicht, der keine Windlast entsprechend 100 000 kW an der Spitze aufnehmen muß.

164

Das Gewicht eines Doppelrades für 20 MW wird mit 400 Tonnen angegeben. Dazu kommt der Tragrahmen, für fünf Turbinen mit 2 500 Tonnen. Bei Sturm müssen nun die 5 Doppelräder und der Tragrahmen, also zusammen 4 500 Tonnen in der erforderlichen Zeit um 90° geschwenkt werden. So sehr ein großes Gewicht mit seinem Trägheitsmoment von Nutzen sein kann, einer schnellen Lagenveränderung steht es auf alle Fälle im Weg. Honnef selbst nahm fest an, eine Anlage mit drei Windrädern unter Mitwirkung der Windkräfte und eines Zusatzmotors mit 160 PS in zwei Minuten in Sturmlage fahren zu können. Bei gutem Wetter braucht eine Sturmböe aber bloß zwei Sekunden zur Erreichung einer gefährlichen Spitze. Die Bewegung derartig großer Massen wäre in der Praxis bald zu einem Problem geworden. Bei Großwindrädern kommt man je nach Windstärke um verstellbare Drehflügel nicht herum!

Ein anderer Entwurf von Honnef in seinem Buch erscheint leichter realisierbar zu sein. Er schlug vor, auf ein pontonähnliches Schiff zwei Windräder (je 12 000 kW) zu montieren und das Fahrzeug an einer günstigen Stelle auf dem Meer zu verankern. Bei richtiger Verankerung stellen sich die Schiffe von selbst in die optimale Windrichtung.

1945 ist Honnef mit einem reduzierten und modernisierten Projekt an die Öffentlichkeit getreten. Auf einen Turm von 240 m Höhe ist eine Windturbine, bestehend aus einem Vorderrad von 160 m und einem gegenläufigen Hinterrad von 180 m Durchmesser vorgesehen. Der Ringscheibengenerator hat nunmehr nur noch einen Durchmesser von 40 m, was für die Aufnahme der Pole noch ausreichend ist. Die elektrische Dauerleistung beträgt 10 000 kW, kann jedoch bei entsprechendem Wind (etwa 15 m/s) über mehrere Stunden 20 MW sein. Versuche haben ergeben, daß die Anzahl der Flügel an den beiden Rädern ungleich sein soll. So wurden dem kleineren Vorderrad 6 und dem Hinterrad 5 Flügel zugeordnet. Alle Flügel sind starr. Obgleich man den Flügeln des Hinterrades im inneren Überdeckungsbereich, wo sie nichts mehr leisten, von vornherein schon einen negativen Anstellwinkel geben kann, so daß sie sogar zur Unterstützung des Vorderrades Luft absaugen, so wird doch eine leistungsmindernde aerodynamische Rückwirkung auf das Vorderrad nicht auszuschließen sein. Zu der elektrischen Ausrüstung des Werkes

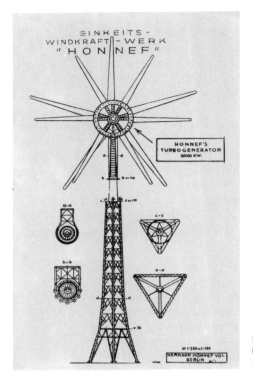

Projekt eines 10/20 MW Einheitswindkraftwerkes von H. Honnef, 1945

muß noch bemerkt werden, daß kurzzeitige Überlastungen des Generators von 100 % nur bei Windkraftwerken möglich sind, da der höheren Last ein größerer Kühlluftstrom gegenübersteht.

Die Idee, dem Wind seine Leistung mit Hilfe von Doppelrädern intensiver abzunehmen, ist nicht neu. Denken wir an die Doppelmühle am Billemer Meer um 1680 oder an das Patent des Franzosen E. Bollée von 1868, wobei dem eigentlichen Windrad ein weiteres, feststehendes vorgelagert war. In den dreißiger Jahren gab es schon bei Saumur und Le Mans solche Doppelräder. Das Vorrad dient dabei als Leitrad, um ähnlich wie bei einer Wasserturbine dem Laufrad eine gleichgerichtete Strömung zuzuführen.

Bei Wasser, mit dem 825-fachen Gewicht der Luft und nahezu gleichbleibender Fließgeschwindigkeit, hat das Leitrad seine volle Berechtigung. Bei den wechselhaften Winden stim-

166

men die Konstruktionsdaten nur in einem kleinen Bereich. Und selbst in diesem Bereich wirkt das Vorleitrad noch stauend. Man müßte schon einen trichterförmigen Mantel vor das Windrad setzen, um dem Wind das Ausweichen unmöglich zu machen. Aber auch diese Idee ist nicht neu, kann jedoch aus wirtschaftlichen und technischen Gründen nicht einmal erwogen werden.

Der Wunsch nach höheren Drehzahlen hat nicht nur Honnef dazu bewegt, zwei gegenläufige Windräder hintereinander zu schalten. Auch auf Sylt steht ein Doppelrotor mit einer Leistung von 70 kW. Er wird seit 1973 erprobt und gemessen, wobei die Drehzahl des Hinterrades über ein Getriebe vom Vorderrad her erzwungen wird, natürlich auch auf dessen Kosten.

Es ist schon schwer genug, mit einem einfachen Windrad einen zufriedenstellenden Wirkungsgrad zu erreichen. Bei zwei hintereinander geschalteten Windrädern werden die strömungstechnischen Zusammenhänge bei den von der Auslegung abweichenden Windstärken noch komplizierter als beim einfachen Rad. Die doppelte Relativgeschwindigkeit im Generator zwischen Stator und Rotor wird recht teuer bezahlt.

Beim Wind gilt die feste Regel: Vermeide alles, was nicht unbedingt erforderlich ist. Weniger ist hier oft mehr. Trotzdem aber mag es Fälle geben, die den Einsatz eines Doppelrades rechtfertigen.

Nicht immer war es die Sorge über den Raubbau an der Kohle, die Windkraft-Großprojekte entstehen ließ. Manchmal standen auch Autarkiebestrebungen eines Staates dahinter. Theoretisch wäre eine wirtschaftliche Autarkie ein gutes Ruhekissen. Wer auch immer eine Autarkie bisher anstrebte, mußte jedoch schon nach wenigen Jahren einsehen, daß ohne Außenhandel auch die eigene Wirtschaft nicht floriert. Aber in einem solchen Klima gedeihen oft extreme technische Vorschläge, die Erfahrungen und neue Erkenntnisse bringen können.

Im Jahr 1942 ist in Deutschland das Windkraftprojekt MAN-Kleinhenz entstanden, das wohl bis heute das baureifste Projekt mit einer Generatorleistung von 10 000 kW darstellen dürfte, nachdem der ganze technische Apparat einer namhaften Firma dahinterstand. Ohne das sind Großprojekte nicht mehr auszuführen, da ein Techniker allein nicht mehr die ganze Bandbreite des Maschinenbaus, der Elektrotechnik, Metallurgie, Lagertechnik, Aerodynamik usw. in Perfektion beherrschen kann. Schon die Wahl der Hauptdaten bedarf umfangreicher Berechnungen. So muß das ganze Werk überschlägig für verschiedene Ausbauhöhen berechnet werdeñ, da jede Bauhöhe zu anderen Kosten führt.

Der Preis des Turmes ist von entscheidender Bedeutung. Doch, wenn man ihn zu niedrig wählt, gerät das Windrad in die windschwache Erdwirbelzone und leistet weniger als in großen Höhen. Die richtige Ausbauhöhe kann deshalb nur mit Vergleichsrechnungen ermittelt werden. Die richtige Ausbauhöhe ist die, bei der die Kilowattstunde am billigsten ist.

Das, was bei dem MAN-Kleinhenz-Projekt herauskam, war eine Turmhöhe von 250 m, wobei der Turm mit 3 Seilen verankert wird. Damit wird bei Vergrößerung der Basis die Turmkonstruktion leichter, sturmsicher und billiger.

Projekt des Großwindkraftwerkes für 10 000 kW, System MAN-Kleinhenz, 1942

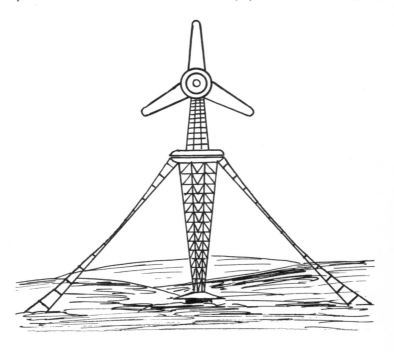

Auf der Plattform des Turmunterteiles dreht sich eine Gegenplattform mit dem Oberteil des Turmes, der die Maschinengondel mit der Windradachse trägt. Der Windraddurchmesser beträgt 130 Meter. Es wird somit zur Leistungsgewinnung eine Höhenschicht von 185 bis 315 m ausgenutzt. Das Werk ist für die Ausbeute der Winde von 6 bis 18 m/s berechnet, so daß das Kraftwerk mit verschieden großer Leistung elf Monate im Jahr in Betrieb ist. Das Windrad selbst besteht aus drei Flügeln, die nach Prof. Betz ausgelegt sind, wobei geringe Abweichungen aus konstruktiven Gründen immer erforderlich sind. Die Flügel haben an der Wurzel eine Breite von 12,9 Meter und an der Spitze 4,2 m. Sie stellen sich mittels Vormeßstellen je nach Windgeschwindigkeit selbsttätig in den richtigen Anstellwinkel und regeln so Drehzahl und Leistung. Bei Sturm fahren sie in Segelstellung, also ungefähr in achsiale Richtung, und sind so gegen Bruch gesichert. Die Schnelläufigkeit wurde vernünftigerweise auf den Wert 5 beschränkt. Das heißt, daß die Umfangsgeschwindigkeit der Flügelspitzen dem Fünffachen der Ausbauwindgeschwindigkeit entspricht. Die Drehzahl wird *durch die Netzfrequenz,* da ein Synchrongenerator vorgesehen ist, mit 13,5 UpM konstant gehalten. Der Generator ist als Ringgenerator von 28,5 m Durchmesser in der Gondel untergebracht.

Man könnte noch über manches Großprojekt berichten. Die meisten von ihnen, die in den letzten fünfzig Jahren entstanden sind, waren jedoch kaum mehr als ins Gigantische vergrößerte Windräder auf riesigen Türmen und verdienen kein ernsthaftes Interesse.

Im Land der ,,unbegrenzten Möglichkeiten", in den Vereinigten Staaten von Nordamerika haben (nach einem Auszug aus dem Geschäftsbericht der Kraftwerksunion von 1973) Wissenschaftler der University of Massachusetts ein ,,Offshore-Wind-Power-System" entworfen, also eine Großwindkraftanlage auf dem Wasser vor der Küste des Staates Maine, etwa 450 Kilometer nordöstlich von New York. Dieses Projekt unterscheidet sich von allen anderen Großprojekten in jeder Hinsicht und ist technisch gesehen absolut realisierbar, aber ökologisch wie ökonomisch genau so wenig brauchbar, wie jeder Versuch, die Windkraft als Hauptpfeiler der Energieversorgung eines Industriestaates einsetzen zu wollen. Das Projekt erscheint nicht weniger utopisch als die

Gedankenspiele der Stromversorgung im großen Stil durch die Nutzung der Erdwärme, der Fließenergie des Golfstromes, der Sonneneinstrahlung in „Farmen" aus photovoltaischen Solarzellen oder gar vom Einsatz großer Hohlspiegel in Erdumlaufbahnen.

Die amerikanischen Wissenschaftler suchten eine windstarke Küste und fanden sie am Gulf of Maine, wo ein Jahresmittel mit der Windstärke 6 der Beaufort-Skala herrscht. Dem Projekt zufolge sollen auf großen pontonähnlichen Schiffen Aluminiumgerüste mit einer Höhe von 160 m und einem fächerartigen Gitterwerk aufgestellt werden. An diesen Gittern werden 34 Windturbinen mit einem Durchmesser von 18 m installiert, wobei jedes Windrad einen Generator mit einer Leistung von 100 kW antreibt. Die Gesamtleistung einer solchen Schiffseinheit beträgt also 3 400 kW, was zunächst noch nicht aufregend ist.

Jeweils 165 solcher Pontons mit ihren Windradfächern werden zu einer Gruppe kreisförmig zusammengefaßt, was schon eine Gruppenleistung von 562 000 kW beziehungsweise

Amerikanisches Großwindkraftwerkprojekt im Gulf of Maine. Windradgestelle auf 13 200 Schiffen ergeben 45 Millionen Kilowatt

562 Megawatt (MW) erbringt. Aber das Projekt geht noch weiter. So sollen 80 solcher Gruppen zu einem Verband gehören, der nunmehr eine Verbands-Leistung von 45 000 000 kW (45 000 MW) anbieten kann. Weil jedes Windrad nur 100 kW Leistung hat, kommen dabei allerdings 450 000 Windräder zusammen, die bei einer jährlichen Laufzeit von 4 000 Stunden eine Jahreserzeugung von 180 Millionen Megawattstunden (MWh) erarbeiten würden. Das entspricht ungefähr dem Elektrizitätsverbrauch der Bundesrepublik Deutschland 1975, beziehungsweise 3 % des Weltbedarfes. Der ganze Verband würde vom Flugzeug aus wie eine Ansammlung riesiger Weihnachtsbäume aussehen, verstreut über eine Fläche, die der Größe Irlands, also über 80 000 Quadratkilometern entspricht.

Ein solches Projekt kann sicher nicht ernst genommen werden. Das Interessante daran ist vor allem die technisch klare, amerikanische Denkungsweise, beim Betreten von Neuland nur mit Bauelementen zu operieren, die kein technisches Risiko in sich bergen. Windräder mit einem Durchmesser von

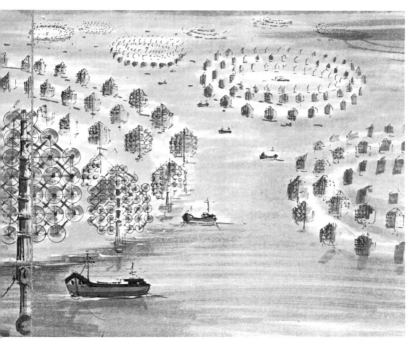

18 m sind heute kein Problem mehr. Sie wurden schon häufig gebaut. Auch Schiffe mit 60 bis 80 000 Bruttoregistertonnen laufen jährlich mehrmals von Stapel. Allerdings eine Armada von 13 200 solcher Schiffe würde sämtliche Werften der Welt vermutlich dreißig Jahre lang voll beschäftigen.

Bei dem Projekt wurde natürlich auch daran gedacht, daß die Windenergie nicht kontinuierlich anfällt. So wurde an eine chemische Speicherung der anfallenden Kilowattstunden gedacht, und zwar über eine galvanische Wasserstofferzeugung. Der Wasserstoff, der mit Sauerstoff zusammen ja ein energiereiches Gas bildet, soll dabei in großen, druckfesten Tanks unter dem Meeresspiegel gelagert und mit einem verzweigten, unterirdischen Rohrsystem zum Festland geführt werden.

Aber solange noch fossile oder spaltbare Stoffe vorhanden sind, können wir uns einen so teuren und kapriziösen Strom nicht leisten. Und wenn uns die Brennstoffe einmal ausgegangen sind, können wir auch so materialintensive Bauten nicht mehr erstellen.

Dieser zwingenden Erkenntnis sollten wir uns nicht zu entziehen versuchen. Planspiele solcher Größenordnung mögen zwar interessant sein und machen sogar die theoretischen Maximalgrenzwerte sichtbar, aber sie sind eben Limeswerte. Zwischen dem kleinsten Windrad als unterem Grenzwert, einem grönländischen Spielzeugrad der Eskimokinder, und dem oberen Grenzwert müssen wir uns einrichten.

Das Bild zeigt eine Skizze des amerikanischen Großprojektes. Legt man einen Baupreis (1976) von 5 000 DM/kW zugrunde, so erforderte das Projekt 2,3 Billionen Mark. Das ist der gesamte Staatshaushalt der BRD von 15 Jahren.

In den USA ist im Jahr 1975 noch eine völlig andere Windkraftkonzeption experimentell entwickelt worden, mit dem Zweck, von den übergroßen Windrädern mit ihren Nachteilen wegzukommen. Das ist aber nur möglich, wenn man die Windgeschwindigkeit in eine höhere umsetzt, da ja die Leistung mit der dritten Potenz der Windstärke zunimmt, beziehungsweise die Windradfläche mit der gleichen Potenz abnimmt. Die Idee der Windumsetzung hat ja Flettner schon verfolgt. Seine Rotoren haben sich jedoch dafür als ungeeignet erwiesen.

172

Nun hat der amerikanische Luftfahrttechniker James Yen, angeregt durch andere Arbeiten, die Idee entwickelt, berechnet und experimentell untersucht, die Windgeschwindigkeit durch den Tornado-Effekt zu erhöhen.

Yen schlug für die Erzeugung des künstlichen Tornados einen hohlen Turm vor, der allerdings von oben bis unten mit Schlitzen versehen ist. Diese Schlitze werden nur auf der Luvseite des Turmes geöffnet, so daß der Wind dort eintreten kann und sich im Turm zu drehen beginnt. Im Zentrum dieses Luftwirbels entsteht wie bei einem Tornado eine Zone geringeren Luftdruckes, der nach Bernoulli eine höhere Luftgeschwindigkeit zur Folge hat.

Da der Turm oben offen ist, nimmt der darüberstreichende natürliche Wind unter Druckausgleich die Luft aus dem Inneren des Turmes ansaugend mit, so daß ein relativ gleichmäßiger schneller Luftstrom mit einem kleinen Wirkungsquerschnitt im Turm, dem Zentrum des Tornados, entsteht. Am unteren Ende des Turmes, der dort ringsherum Zuluftschlitze hat, liegt waagerecht das Windrad in dem starken, nach oben gerichteten Windstrom.

Nach einem Artikel in den ,,Research News" vom 17. Oktober 1975 soll ein solches Windrad mit einem Durchmesser von zwei Meter eine Leistung von 1 000 kW abgeben können. Das ergäbe eine Windgeschwindigkeit im Tornadozentrum von 100 m/s, also 360 km/Stunde. Dieser Wert ist sicher zu hoch gegriffen. Legt man einen Durchmesser von 20 m zu Grunde, so kommt man auf wahrscheinlichere Verhältnisse, und zwar auf eine Zentrums-Windgeschwindigkeit von 80 km/h (= 22,5 m/s).

Als Turmausmaße sind dabei eine Höhe von 60 m und ein Durchmesser von 20 Meter genannt. Die Maße stimmen also noch nicht ganz überein. Die Dimensionierung von Turm und Windrad bedarf noch eingehender Erprobungen bei Großanlagen, da sich in der Aerodynamik die Werte von kleineren Anlagen auf größere nicht einfach umrechnen lassen.

Der Vorschlag von Yen stellt zwar eine interessante Variante unter den Windkraftanlagen dar, man muß sich aber darüber klar sein, daß auch beim Tornado-Effekt aus dem Wind keine größere Leistung entnommen werden kann, als mit dem natürlichen Wind zufließt. Durch die Windumsetzung wird das Windrad kleiner, man handelt sich jedoch einen mächtigen Turm ein. Außerdem sind die Wirbelverluste bei der Tornadobildung nicht unerheblich.

Die unbändige Kraft der Tornados verführt zu den Gedankenspielen über Tornado- und auch Kamineffekte. Denken wir aber daran, daß zur Entstehung eines Tornados die Kräfte riesiger Wettergebiete wirksam werden müssen, dann werden wir den Erfolg einer Nachahmung im Kleinen anders einschätzen.

Düsen-Kamin-Windkraft-
werk nach E. Nazard
(1975)

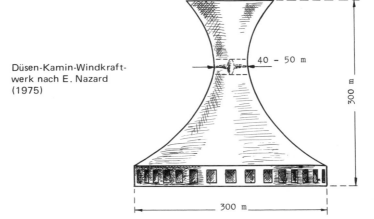

Etwas anders liegen die Verhältnisse bei der Nutzung der Kaminwirkung, die allerdings ebenfalls einer Anregung von außen her bedarf.

Das Projekt von Nazard, mit Hilfe eines 300 m hohen Düsenkamins eine Leistung von 1 000 MW freizusetzen, ist sicher nicht zu realisieren. Um aus einem Windrad von 40 m rund 1 Million kW herauszuholen, bedürfte es eines Windes von 400 km/h, den es auf der Erde nicht gibt.

Um Klarheit zu schaffen, läßt deshalb das deutsche Bundesministerium für Forschung und Technologie die Effektivität eines geheizten Großkamins untersuchen, wobei für die Erwärmung der Luft die Sonnenenergie vorgesehen ist. (Die Untersuchungsarbeiten für eine in der Thermik laufende Aufwindturbine wurden 1977 mit 52 700,— DM gefördert.) Auf die Ergebnisse darf man gespannt sein. Gründe für eine Euphorie sind nicht vorhanden.

Auch das Honnef-Projekt wurde durch Rudolf Eckert in veränderter Form und Aufgabenstellung wieder ins Gespräch gebracht. Dabei soll der untere Teil des Turmes als Elektrolyseraum zur Wasserstoffgewinnung ausgebildet werden. Diese Grundidee ist an dem etwas zu groß geratenen Projekt das Bemerkenswerte.

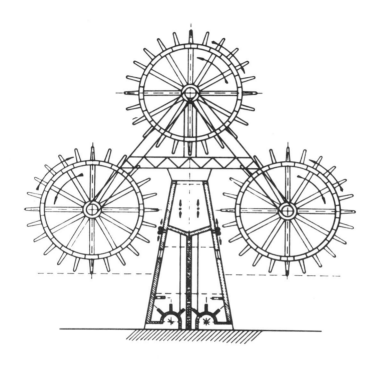

Das Eckert-Kraftwerk, bestehend aus einem „Wasserstoffturm" mit mehreren Windrädern von 150 m Durchmesser. Je Rad werden 17 MW elektrische Energie gewonnen; diese soll dazu dienen, z. B. durch Elektrolyse von Wasser, an Ort und Stelle Wasserstoff zu gewinnen

Die Verbindung von Windkraftstrom mit Wasserstofferzeugung wird in nicht allzuferner Zeit der Windenergie den großen Aufschwung geben; denn auf diesem Umweg wird der zeitlich unregelmäßige Leistungsanfall der Windkraft völlig ausgeglichen. Zudem ist die Wasserstoff-Technologie in stürmischem Aufbau, wie demnächst ein neues Buch des Udo Pfriemer Verlages zeigen wird.

175

Energetisch gesehen kann das Wasserstoffgas alles, was bisher die Aufgabe des Erdöles in Form von Benzin oder Dieselkraftstoff war. Bei Daimler-Benz läuft seit einiger Zeit ein Personenwagen zur Erprobung mit Wasserstoff statt mit Benzin. Der Wasserstoff wird dabei nicht in Flaschen, wie man sie beim Autogenschweißen benutzt, mitgeführt, sondern an ein Metallgranulat angelagert. Eine solche Metallhydritfüllung von 200 kg reicht bei einer Geschwindigkeit des Wagens von 80 km/h für 450 km aus.

Wer heute noch die Windkraft als unseriöse Energie bezeichnet, kennt sicherlich die Möglichkeiten nicht und verkennt die ernste Situation für die Energiewirtschaft, die durch rapide Abnahme der fossilen Reserven bevorsteht.

Es ist mehr als unverantwortlich, wenn eine offizielle Untersuchung über ,,Alternative Energien für den Verkehr am Ende des Erdölzeitalters" die Kohleverflüssigung als Ersatz für das Erdöl anpreist.

Will man wirklich nach dem Erdöl auch die Kohle ,,zum Auspuff hinausjagen"? Ist das etwa seriös?

Die fossilen Schätze sind hochwertige, unersetzliche Grundstoffe für alle organischen Zwecke. Sie zu verbrennen ist heller Wahnsinn. Sie gehören gewissermaßen unter Naturschutz gestellt, um sie für edlere Zwecke aufzusparen. Daß ihre Fehlnutzung mit einer Forschungssumme von 785 Millionen DM (1976) in einem Industriestaat wie der Bundesrepublik weiter angeregt wurde, hat wohl auch politische Hintergründe. In unserem Jahrhundert erscheint es allenthalben legitim, daß Politiker zur Sicherung ihrer Wiederwahl kurzfristige Wirtschaftserfolge vor das Wohl späterer Generationen stellen; Wähler, Opposition und Gewerkschaften würden ihnen, ebenso menschlich verständlich wie kurzsichtig, ein anderes Verhalten mit Ablehnung quittieren.

Neue Windenergieforschung

Forschen heißt das Unbekannte ans Licht bringen, es sichtbar machen, für den menschlichen Gebrauch aufschließen oder auch nur das Allgemeinwissen bereichern. Dazu bedarf es der inneren Unruhe und, neben Phantasie, intimer Fachkenntnisse, großen Fleißes, nahezu einer Besessenheit – ein Sich-verschwenden.

In unserer in jeder Hinsicht inflationären Zeit gehören schon einfache Statistik sowie die Sondierung und Untersuchung von bekannten Begriffen und Techniken zu Wissenschaft und Forschung. Diese Arbeiten müssen natürlich sein. Die Gefahr der zu hochgradigen Tätigkeitsbezeichnungen ist jedoch so groß, daß den Ergebnissen ein zu hohes Gewicht beigemessen wird und die Verteilung der Forschungssummen, wenn sie einmal vorgenommen wurde, geradezu zementiert wird; denn es fällt dann schwer, wenn z. B. in dem Kernforschungszentrum (1969) in Deutschland allein 4 200 Menschen beschäftigt sind, diese Besetzung wieder zu vermindern.

Im Jahr 1976 betrugen die Förderungsmittel des Deutschen Bundesministeriums für Forschung und Technologie (BMFT) 3 564 Millionen DM. Ganze 2,5 Promille, nämlich 8 952 100 DM wurden für die Windenergie vorgesehen. Ohne Rücksicht darauf, daß eines Tages nur noch die sich erneuernden Energien wie Wasser-, Wind- und Sonnenkraft zur Verfügung stehen werden, wird der Löwenanteil des Etats für herkömmliche Projekte (einschließlich Kernenergie) aufgewendet, hinter denen die erwähnten wirtschaftlichen und politischen Interessenten stehen.

In anderen Ländern liegen die Verhältnisse zum Teil etwas günstiger. So geben die USA im Jahr 1977 immerhin 60 Millionen DM für die Entwicklung der Windkrafttechnik frei.

Außerhalb der staatlichen Förderung arbeiten aber noch Privatpersonen, oft unter ruinösen Bedingungen, an der Weiterentwicklung der Windkraftanlagen. Sie sind die eigentlichen Forscher mit allen Risiken, Erfolgen, Irrtümern und Umwegen, deren Ergebnisse aber endlich doch die Grundlage für spätere Fortschritte bringen. Gerade die Vielfalt und die Unterschiedlichkeit der Vorstellungen sind das Fruchtbare.

Die Wirksamkeit wird natürlich besonders hoch, wenn Erfinder und Staat zusammenarbeiten. Es erscheint deshalb besonders wertvoll, daß das BMFT 1974 den Auftrag zu einer Systemforschung über die Möglichkeiten eines Großeinsatzes der Windenergie erteilte. Das Ergebnis wurde 1976 in einer Studie „Energiequellen für morgen/III: Nutzung der Windenergie" veröffentlicht, die inhaltlich von der Abschätzung

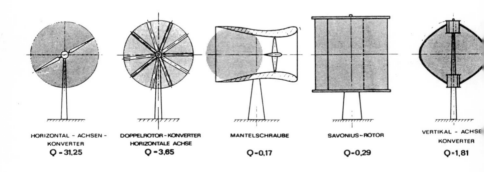

| HORIZONTAL - ACHSEN - KONVERTER Q - 31,25 | DOPPELROTOR - KONVERTER HORIZONTALE ACHSE Q - 3,65 | MANTELSCHRAUBE Q - 0,17 | SAVONIUS - ROTOR Q - 0,29 | VERTIKAL - ACHSE KONVERTER Q - 1,81 |

Vergleich verschiedener Windenergiekraft-Rotorsysteme nach einer Studie des BMFT unter Voraussetzung der folgenden Daten:
Leistung 3,3 kW bei Windgeschwindigkeit 5,6 m/s, Widerstand bei 60 m/s, Rotor-Gewichte für glasfaserverstärkten Kunststoff.
Die „Qualitätszahl" Q ist der Quotient aus der vom Rotor bestrichenen Fläche A geteilt durch die Materialfläche.
A ist, von links nach rechts, gleich 100 m^2/106,23 m^2 (Noah) / max. 69,10 m^2, min. 28,27 m^2/138,30 m^2/86,08 m

des theoretischen Windenergie-Potentials über wirtschaftliche und technische Qualitätsvergleiche bis zur ökologischen Belastung durch eine Massierung von Windkraftanlagen reicht. Dabei werden gemessene Leistungsbeiwerte verschiedener Rotortypen einander gegenübergestellt.

Die Arbeiten wurden im Hinblick auf Großwindkraftwerke durchgeführt, sind aber hinsichtlich Wirkungsgrad und Leistungsgewicht auch für Kleinwindkraftanlagen gültig. Doch für Kleinanlagen sind oft noch ganz andere Eigenschaften ebensowichtig. Spezielle Verwendungsgebiete, die Möglichkeit zum Eigenbau, Einfachheit, Billigkeit und Problemlosigkeit können häufig die Wahl weniger hochwertiger Windräder richtig erscheinen lassen. Die Studie des BMFT hat auf alle Fälle für Großwindkraftanlagen die Überlegenheit des hochwertigen Propellers voll und ganz bestätigt.

Als nächsten Schritt hat das BMFT im Juni 1977 den Bau einer **Großwindkraftanlage** mit dem Namen „Growian" in Auftrag gegeben. Sie soll eine Leistung von 2 bis 3 MW haben und der Prototyp späterer Großanlagen mit noch größeren Windraddurchmessern werden. Die Projektierung des Werkes setzt sich aus zwei Einzelaufträgen zusammen:

1. An Firma MAN; Ausarbeitung baureifer Unterlagen für Growian, gefördert mit DM 3 625 500,– DM (Termin 30. 6. 1978)

2. An die Universität Stuttgart; Untersuchungen zum Bau großer Rotorblätter für Growian und zum Schwingungsverhalten des Gesamtsystems Growian, gefördert mit DM 821 100,–

Daneben laufen noch Aufträge für Windkraftanlagen mit vertikaler Achse nach Darrieus, für Windräder mit 5,5 m und 52 m Durchmesser, sowie Untersuchungen über das Betriebsverhalten von Windrädern und außerdem über meteorologische Grundlagen.

Es ist zwar ein großer Fortschritt, daß allmählich auch beim Wind im MW-Bereich gedacht wird. Aber es stellt sich die Frage, ob es richtig ist, das Windrad einfach ins Gigantische zu vergrößern, bis man die Grenzen der statischen

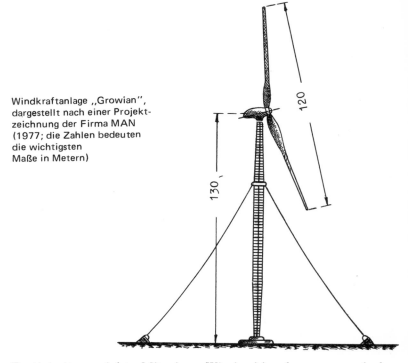

Windkraftanlage „Growian",
dargestellt nach einer Projekt-
zeichnung der Firma MAN
(1977; die Zahlen bedeuten
die wichtigsten
Maße in Metern)

Festigkeit erreicht. Mit dem Windraddurchmesser und der Bauhöhe wachsen nicht nur die statischen Probleme, sondern auch die Sorgen mit zusätzlichen Schwingungen der Flügel und der ganzen Anlage. Sehen wir uns noch einmal kurz auf Seite 24 den Verlauf der Windgeschwindigkeit mit der Höhe, hier im Bereich des Growian zwischen 70 und 190 m über dem Boden an und zeichnen für den Ausbauwind die Leistung eines Flügels N_F während eines Umlaufes, so erhalten wir den zeitlichen Leistungsverlauf an einem Flügel, dem eine Wechselbelastung des Flügels zugeordnet werden muß.

Man sieht deutlich an den kleinen Schwingungskurven, daß sich allein aus der Windstärkenänderung mit der Höhe schon recht spürbare Leistungsschwankungen der Einzelflügel ergeben. Durch die Schrägstellung der Achse und die Knickung machen die Flügel eine Relativbewegung in Achsrichtung und verstärken bzw. schwächen den natürlichen Wind. Dadurch verstärken sich die Leistungen der Einzelflügel erheblich.

180

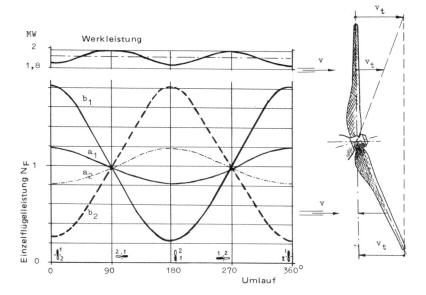

Leistung eines Einzelflügels während eines Umlaufes um 360° bei einem Großwindrad von 120 m Durchmesser mit Achsneigung und Flügelknickung ähnlich
dem Projekt „Growian". Im Diagramm bedeuten:

a_1 Leistungsschwingung von Flügel 1 durch Windanstieg mit der Höhe
a_2 Leistungsschwingung von Flügel 2 durch Windanstieg mit der Höhe
b_1 Leistungsschwingung von Flügel 1 durch Taumelbewegung v_t des Flügels 1
b_2 Leistungsschwingung von Flügel 2 durch Taumelbewegung v_t des Flügels 2

Ohne hier auf die Berechnung eingehen zu wollen, sei zum
besseren Verständnis das Ergebnis aufgezeigt:

Das Biegungsmoment wechselt allein durch die normale
Windstärkenänderung mit der Höhe zwischen 10 000 und
25 000 mkg, während die Beanspruchung infolge der Schrägstellung und Knickung zwischen 30 000 und 220 000 mkg
schwankt. Wechselbelastung aber vermeidet man im Ma-
schinenbau wegen der Materialermüdung weitgehend.

Es ist deshalb verständlich, wenn Konstrukteure versuchen,
das heterogene Energiefeld einer Großwindradfläche durch
viele kleine ziemlich homogene Flächen zu ersetzen, wie es in
den USA Prof. Heronemus und in Deutschland Dr. Mayer-
Schwinning vorschlägt.

181

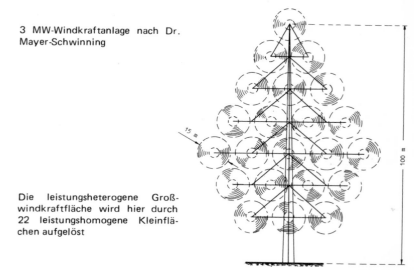

3 MW-Windkraftanlage nach Dr. Mayer-Schwinning

Die leistungsheterogene Großwindkraftfläche wird hier durch 22 leistungshomogene Kleinflächen aufgelöst

15 m

100 m

Bei diesem 3 MW-Projekt wird das Großwindrad durch 22 normale, bereits alltägliche Windräder mit einem Durchmesser von 15 m ersetzt. Die Kosten für die 22 Turbinen betragen etwa den 10. Teil eines leistungsgleichen Großwindrades. Durch die Traversen wird zwar der Turm teurer, aber mit seiner Höhe von 100 m liegt er fast im Rahmen eines 400 kV-Mastes mit 4 Traversen.

Der deutsche Ingenieur Hans Goslich arbeitete nach ähnlichen Überlegungen ein Großprojekt für das Wattengebiet von Friesland aus, das bei einer Grundfläche von 1 050 km^2 bis zu 16 000 Anlagen von je 250 kW (zusammen 4 GW) aufnehmen könnte. Die vorgesehenen Windräder mit einem Durchmesser von nur 35 m werden im Serienbau besonders billig und ermöglichen einen Anlagenpreis von etwa 800,– DM/kW (1977).

Das Projekt würde 3,2 Milliarden DM kosten und kann den Berechnungen nach drei Kernkraftwerke zu je 1 GW ersetzen, die – ohne die Forschungsausgaben – mit 5 Milliarden anzusetzen sind und keine geringen Umweltsorgen bereiten.

Da bei dem Projekt von Goslich als Grundstücksbedarf nur der Querschnitt des Turmes eingesetzt werden muß, wird ökologisch die Wattenfauna nicht beeinträchtigt. Außerdem handelt es sich um ein ökonomisch nicht nutzbares Land.

Das Goslich-Projekt für Friesland, Gesamtleistung 4 GW. Oben 10 kW-Pilotanlage (1977)

Während der Ebbe sind alle Masten leicht zugänglich. Das Projekt ist jederzeit zu verwirklichen.

Als Pilotanlage wurde inzwischen ein 10 kW-Windkraftwerk gebaut, das auch als Hauswindkraftanlage demnächst in Serienbau gehen soll.

Von einer Projektgruppe der Technischen Universität Berlin wurde für solche Länder, in denen keine Industrie für die Herstellung von windbetriebenen Wasserpumpen zur Verfügung steht, eine besonders einfache Anlage zum Antrieb einer primitiven Kolbenpumpe entwickelt.

Es handelt sich um die sogenannte Schlagflügelpumpe. Sie besteht aus einem einfachen Mast, an dessen oberem Ende eine Wippe angebracht ist. Deren eine Seite bewegt den Kolben im Brunnen. Auf der anderen Seite sitzt der Schlagflügel (hier aus einem Dreiecktuch), an dem ein Seilsystem die Tuchfläche so steuert, daß sie in der unteren Lage einen Auftrieb und in der oberen Lage eine Kraftwirkung nach unten erzeugt, so daß der Pumpbetrieb in Gang gehalten wird.

183

Schlagflügelanlage zum Pumpenantrieb, entwickelt 1976 von
einer Projektgruppe an der
Technischen Universität
Berlin

Die Anlage wird ein Jahr lang ab Mitte 1978 in der Karibik erprobt werden. Sie hat den Vorteil, daß sie bei Windstille mittels eines Seilzuges oder einer Stange auch von Hand betrieben oder, wenn kein Wasserbedarf vorliegt, angehalten werden kann. Die Reparaturen können ohne Fachkenntnisse vorgenommen werden. Ihre Leistung ist auf einen begrenzten Kreis von Verbrauchern zugeschnitten.

Auch in Dänemark entwickelt man die Windkrafttechnik bevorzugt weiter. Nach der langjährigen Erprobung des 1957 in Gedser erbauten 200 kW-Werkes, das jährlich 410 000 kWh

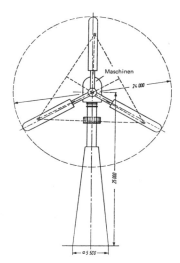

200 kW-Windkraftanlage in Gedser,
Dänemark. Erbaut 1957

2 MW-Windkraftwerk bei Ulfborg, Dänemark; vgl. auch Bild auf der folgenden Seite

lieferte, wurde von privater Seite, Pädagogen und Schülern einer Heimvolkshochschule bei Ulfborg, das abgebildete Windkraftwerk mit 2 MW (= 2 000 kW) errichtet, das im Dezember 1977 unter großer Anteilnahme der Bevölkerung seinen Probebetrieb aufgenommen hat.

Das Interesse Schwedens an der Windenergie ist besonders bemerkenswert, wird doch sein Strombedarf zu 75 % aus der Wasserkraft bestritten. Man ist jedoch dort der Überzeugung, daß die restlichen 25 % allein von der Windenergie gedeckt werden können. Schweden wird vielleicht das erste Land sein, in dem die gesamte Energie von den sich stets erneuernden Energieformen erzeugt wird. Dabei ist Schweden ein hochindustrialisierter Staat mit höchstem Lebensstandard. Bedenkt man, daß auch der Verkehr einst über die Wasserstofftechnologie mit dem Wind als Energiebasis fast ungeschmälert fließen kann, so ist das Beispiel Schwedens geradezu richtungsweisend.

185

Windkraftwerk der Trind-Skolerne bei Ulfborg, Dänemark. Montage der GFK-Windradflügel im November 1977. Baubeginn Mai 1975. Die Ausgaben für den 54 m hohen Betonturm und die drei je 27 m langen Flügel beliefen sich dank umfangreicher Eigenleistung der Bauherren auf nur 160 000 DM

186

Welche Aufmerksamkeit man in Schweden der Sturmge-
fahr schenkt, zeigt die abgebildete Studie des Projektes
Storken. Über einen Wipp-Arm wird das Abdriften des zwei-
blättrigen Rotors bis in die Bodenlage ermöglicht; denn der
Sturm ist der größte Feind des Windrades, nicht seine Un-
regelmäßigkeit, die man mit Energiespeicherung über Pump-
wasserkraftwerke, Druckluft oder Wasserstofferzeugung über-
brücken kann.

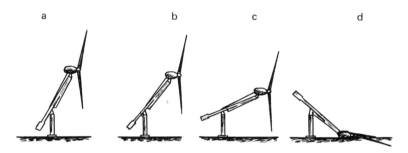

Das schwedische Projekt „Storken" (1977). Wipparm in verschiedenen Sturm-
lagen:
a) bei Windstille, b) normale Betriebslage, c) Lage bei Überbauwind, d) Sturm-
und Reparaturlage.
Windraddurchmesser 112,8 m, Leistung 4 MW

Auch von der Firma SAAB-SCANIA liegen Windkraftpro-
jekte mit 4 MW Leistung vor, wobei meist Stahlbetontürme
bevorzugt werden.

Die Vereinigten Staaten von Nordamerika planen zur Zeit
in verschiedenen Gegenden 4 größere Windkraftwerke, die
Strom in das öffentliche Versorgungsnetz speisen werden.
Eines davon soll eine Leistung 2 MW haben und aus einem
Windrad mit 100 m Durchmesser auf einem 60 m hohen
Turm bestehen. Das Vorbild dazu dürfte die 100 kW-Anlage
in Sandusky sein. Das andere soll 1,5 MW leisten und aus
zwei Kunststoff-Flügeln mit einem Raddurchmesser von 60 m
auf einem 45 m hohen Turm bestehen. Es sind aber auch Untersuchungen in Gang, mit 100 000 Windrädern in den
großen Ebenen des Landes eine Leistung vorzuhalten, die bis
zu 50 % des Gesamt-Elektrizitätsbedarfes decken können.
Mit Hilfe der neuen Wasserstoff-Technologie verliert der Wind
ja seine Drittrangigkeit als Energiequelle.

187

Zuletzt muß noch kurz auf eine Vertikalturbine eingegangen werden, die allein noch in Frage kommt, nämlich auf
den Darrieus-Rotor.

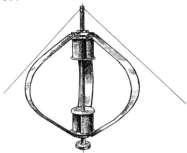

Die Pananemone nach Darrieus mit 3 gebogenen Flügeln

Wir entsinnen uns, daß der große Vorteil der Vertikalturbine ihre Unabhängigkeit von der Windrichtung ist. Früher
hatte man das durch gekrümmte Widerstandsflächen erreichen wollen. Dabei wurde aber höchstens ein Viertel der
Leistung eines klassischen Windrades erreicht, – was bei
weiteren Konstruktionen neben niedrigen Drehzahlen auch
große Flügelmassen zur Folge hatte.

Jackson hatte zwar vor über 100 Jahren schon einen Weg
gefunden, beim Vertikalrad mit dem wirbelfreieren Flügel-
auftrieb zu arbeiten, aber erst 1925 gelang es dem Franzosen
Darrieus mit seiner sogenannten Pananemone eine brauchbare Vertikalturbine zu entwickeln. Sie beruhte auf fol-
gender Überlegung:

Wenn man einem Profil eine sehr hohe Umfangsgeschwindigkeit (Drehzahl) verleiht, so wird die Anströmrichtung fast
nur von der Umfangsgeschwindigkeit und kaum noch von der
Windkomponente bestimmt. Dadurch wird es möglich, die
Flügel in einer festen Lage (tangential zum Umfang der Turbine) anzubringen.

Der Darrieus-Rotor läuft heute auf den Versuchsständen
vieler Länder. Ihn untersucht in den Niederlanden die Firma
VFW-Fokker schon seit 1974. Für 1977 hat vom BMFT die
Firma Dornier einen Entwicklungsauftrag in Zusammenarbeit
mit Brasilien erhalten.

Die gebogene Form der Flügel, die der eines hängenden Seiles entspricht, hat zur Folge, daß nur Zugkräfte im Material und, auch bei größter Drehzahl, keine Biegungskräfte auftreten. Das stimmt natürlich nur bei kleinen bis mittleren Anlagen. Darum hat Schweden auch bei seinem Darrieus-Projekt „Giromill" mit 120 kW gerade, senkrechte Profile vorgesehen, die wegen der Fliehkräfte in der Mitte zur Achse hin abgestützt werden.

Die Nachteile des Darrieus-Rotors sind seine veränderliche Drehzahl (sie soll sich mit der Windgeschwindigkeit ändern), sein Unvermögen, selbständig anzulaufen, und seine Schwingungsprobleme, da die Flügel während eines Umlaufes zwei Stellen durchlaufen, an denen die Leistung nahezu null ist. Trotzdem berechtigt die Pananemone zu realen Hoffnungen, eine brauchbare Antriebsmaschine zu werden.

Zusammenfassend darf man wohl sagen, daß durch die Forschungsarbeiten die Verwendung der Windenergie auf breiter Basis beschleunigt werden wird.

Die allgemeine Schätzung, daß der Wind jährlich etwa 2 Prozent des Energiebedarfes an sich ziehen kann, darf als eine große Hoffnung für die Zukunft angesehen werden. Eine gewisse Umverteilung der öffentlichen Förderungsmittel ist allerdings mehr als wünschenswert. Denn — immer wieder sei es betont —: Durch die neue Wasserstofftechnologie verliert die Windenergie endgültig ihre Minderwertigkeit gegenüber anderen Energieformen.

Windkraftnutzung und Wirtschaftlichkeit

Das bestechende Argument „Der Wind kostet nichts" ist wert, genauer besprochen zu werden. Auch das Wasser kostet nichts. Und wenn man es genau nimmt, liegt uns auch die Kohle als kostenloses Geschenk der Natur zu Füßen, oft sogar an der Erdoberfläche. Nicht anders ist es mit dem Öl, dem Uran, dem Sonnenlicht und der Erdwärme.

Man braucht alle Vorkommen nur zu bergen und in brauchbare Energieformen umzuwandeln. Das Wörtchen „Nur" aber hat es in sich.

Obgleich das Uranerz einfach so im Boden liegt, kostet ein einziges Kernkraftwerk wie Philippsburg über eine Milliarde Mark (1976). Und doch braucht der Strompreis dieser technischen Giganten den Vergleich mit den anderen klassischen Kraftwerksarten nicht zu scheuen.

Die Kohle liegt sogar gebrauchsfertig unter oder über der Erde und doch kostet (1975) eine Tonne 200,– DM. Der Aufwand für den Abbau und den Transport ist daran schuld.

Die Wasserkraft bietet sich am Ort der Nutzung sozusagen umsonst an. Aber um sie zu fassen, zu stauen, den Turbinen zuzuleiten und in elektrische Energie umzuformen, bedarf es eines solchen Aufwandes, daß der Wasserkraftstrom teurer ist als der Kohlestrom, der täglich Güterzüge mit Großraumwagen voll Kohle verschlingt. Und der Strom aus nur mit Öl betriebenen Kraftwerken ist noch billiger.

Beim Wind, der uns ohne unser Zutun an jeder Stelle zufließt, sind wegen seines geringen spezifischen Gewichtes sehr große Turbinen erforderlich, die mit ihren langsamlaufenden Generatoren recht teuer sind, wenn es sich um Großanlagen handelt. Außerdem ist die Laufzeit von Windturbinen im Jahr nur etwa halb so groß wie bei einem Wasserkraftwerk, was natürlich sehr auf die Erzeugung drückt. Dadurch kostet der Windstrom ein Mehrfaches des Wasserkraftstromes.

Nun, der Preis, den man für eine Ware zu bezahlen gewillt ist, hängt nicht nur von der Qualität, sondern auch vom Bedarf, von dem Mangel der Ware und dem Reichtum des Käufers ab.

Diese allgemeine Formulierung läßt die Problematik der Beurteilung der Windenergie bereits sichtbar werden. Man kann nicht einfach sagen: Die Windenergie ist wirtschaftlich oder unwirtschaftlich!

Industriestaaten mit eigener „fossiler Energie" oder mit ausreichenden Devisen werden vorerst aus wirtschaftlichen Gründen auf den Großeinsatz der Windkraft besser verzichten. Mit dem Dahinschwinden der fossilen Energievorkommen wird jedoch ein Umdenken zu erwarten sein.

Kleine Windkraftanlagen von etwa fünf bis zwanzig Kilowatt, außerhalb der Stromversorgungsgebiete oder in Ländern mit allgemeinem Energiemangel, waren zu jeder Zeit rentabel. Am großen Mühlensterben in Europa ist mehr die moderne Bequemlichkeit schuld als die Zweitrangigkeit dieser Energieform: Eine Steckdose ist eben wartungsfrei.

Windmühlen für die Wasserhaltung oder -förderung sind heute noch wirtschaftlicher als der Strom aus dem öffentlichen Netz, auch in Europa. Nachdem wir am Beginn einer stetigen Preisverteuerung des elektrischen Stromes und aller anderen Energieformen stehen, die mit der Verknappung der fossilen Energievorkommen zwangsläufig immer steiler ansteigen wird, erweitern sich die Gebiete der Wirtschaftlichkeit der Windkraftnutzung schon in absehbarer Zeit, soweit es sich um den Einsatz kleiner Anlagen handelt.

Besonders originell und wirtschaftlich war diese Zusammenstellung von Wasser- und Windmühle im Emsland. Nach den in Deutschland gemachten Erfahrungen ergänzen sich die Wasserkraft und Windenergie zeitlich gut

Der Zeitpunkt für den Bau von Großwindanlagen mit 5 000 oder gar 10 000 Kilowatt Leistung liegt noch in weiterer Ferne. Wann der Schnittpunkt der Wirtschaftlichkeitskurven der Energie aus der Windkraft und der Energie fossilen Ursprungs oder anderer Art, wie Sonnen- oder Erdwärme und Kernenergie erreicht ist, kann heute noch nicht abgeschätzt werden. Doch er wird kommen, für jedes Land und für jeden Erdteil zu einer anderen Zeit.

Wie ein Aquarell aus dem 1781 zeigt, gab es eine Zeit, in der man neben die Windmühle eine atmosphärische Dampfmaschine aufgestellt hatte. Vielleicht wird man schon im nächsten Jahrhundert zur Einsparung teurer, fossiler Energie neben dem Dieselmotor wieder ein Windrad errichten, — ähnlich, wie man bereits Sonnenkollektoren als zusätzliche Wärmelieferanten mit der Heizanlage eines Hauses verbindet. Schließlich hat sich schon in früheren Zeiten auch eine Kombination von Windmühle und Wasser-Mühlrad bewährt (siehe Bild).

Wenden wir uns noch kurz dem Kostenaufwand für Windkraftwerke zu. Amerikanische, dänische und deutsche Stellen rechnen mit einem finanziellen Einsatz von ungefähr 1 000 DM/kW (1976). Diese Zahl basiert auf einer Reihe von Annahmen, die gemacht werden müssen, um rationale Werte zu erhalten. So kommt es darauf an, ob eine Anlage in Serie hergestellt wird oder ob es sich um eine Einzelanlage handelt. Von Einfluß ist auch die örtliche Windstärkendauerlinie und die Leistung, die dem Windrad bei diesen Windverhältnissen zugemessen wird. Man kann ja ein bestimmtes Windkraftwerk elektrisch für eine größere oder kleinere Leistung ausbauen, je nachdem welchen Wind man in der Dauerlinie zu Grunde legt.

Wählt man einen mäßigen Wind, so wird das Werk billiger und viele Stunden im Jahr ausgelastet sein. Man verzichtet dabei eben auf die Ausbeutung der starken Winde, die aber gerade einen großen Arbeitsinhalt haben können. Legt man jedoch das Werk leistungsmäßig auf die nicht allzuvielen besonders ergiebigen Tage aus, so muß man hohe Summen investieren und die Anlage ist nur kurze Zeit im Jahr voll ausgelastet. Aber die Jahreserzeugung wird im Durchschnitt höher sein.

Jedes Werk hat seine eigene wirtschaftliche Kennlinie. Das Optimum kann man nur durch umfangreiche Vergleichsrechnungen zu erfahren suchen. Man muß also das in Frage kommende Projekt mehrmals vollständig durchrechnen, und zwar zuerst für die technisch möglichen Ausbauhöhen. Dann wird man diese Anlage für verschiedene Ausbauleistungen kalkulieren müssen und dabei eventuell die Bauhöhe korrigieren, weil die Turmkosten sehr gravierend sein können. Unter Berücksichtigung der so ermittelten Baukosten, der Zinsen,

Windmühle neben einer atmosphärischen Dampfmaschine auf einem holländischen Landgut, nach einem Aquarell aus dem Jahr 1781

der Tilgung des Werkes in 25 Jahren, der Reparaturkosten und Betriebsausgaben usw. kann nunmehr der Kilowattstundenpreis errechnet werden, wenn für jede Variante der Werkleistungsplan erstellt wurde. Dieser ergibt sich dadurch, daß über die jeweilige Windstärkendauerlinie die Leistungsdauerlinie gezeichnet wird. Die Planimetrierung dieser Kurve weist die Jahreserzeugung in kWh aus. Der genaue Rechnungsgang kann an dieser Stelle nicht erläutert werden. Er füllt nahezu einen eigenen Band.

Der zitierte Schätzpreis von 1 000 DM/kW darf nur als Orientierungshilfe verwendet werden. Es ist ein erreichbarer Wert, der je nach Konstruktion, Werksauslegung und Windgebiet zum Teil sogar erheblich schwanken kann. Es wäre unlauter, feste Preise zu nennen. Diese Zurückhaltung trifft aber nicht nur auf Windkraftanlagen zu. Auch jedes andere Projekt kann preislich erst nach genauer Kalkulation übersehen werden. Die erste Kostenschätzung entscheidet nur darüber, ob das Projekt überhaupt interessant sein wird und einer Weiterverfolgung würdig ist. Das kann man in unserem Fall bei einem Schätzpreis von 1 000 DM/kW annehmen.

Kleinwindkraftanlagen dienen, wenn man richtig plant, meist mehreren Zwecken. Ihre allgemeine Wirtschaftlichkeit bedarf keines Nachweises mehr. Sie waren immer wirtschaftlich. Doch sie verlangen eine gewisse Wartung und Pflege, der man sich in den letzten Jahrzehnten auf Grund des problemlosen Stromangebotes der Energieversorgungsunternehmen (EVU) entzog. Das ist in einer Wohlstandsgesellschaft immer so. Es ist geradezu die Definition des Wohlstandes: „Sich das Leben leichter machen, auch wenn die Mittel dazu teurer sind als ihr realer Wert".

Bei Großwindkraftwerken liegen die Verhältnisse grundsätzlich anders. Der Preis von 1 000 DM/kW setzt eine Serienfertigung voraus. Dennoch erscheint der allgemein angegebene kWh-Preis von 4 bis 5 Pfennig ab Sammelschiene zu optimistisch. So viel kostet heute bereits der Strom aus Laufwasserkraftwerken. Diese bedürfen zwar einer höheren Investition, aber ihre Lebenszeit ist mindestens doppelt so lang. Außerdem ist ihre jährliche Laufzeit rund 100 % höher als bei Windkraftwerken. Man wird in der Annahme nicht fehl gehen, daß der Strom aus Großwindkraftwerken heute (1976) bei 8 Pfennig je Kilowattstunde liegen wird.

Aus diesem Grund ist der Anreiz, Windkraftstrom zu kaufen, für die Elektroversorgungsunternehmen zur Zeit noch gering. Ist der schwankende Windkraftstrom nicht direkt verwertbar und muß über eine Speicheranlage verkauft werden, so erhöht sich der Strompreis um weitere 60 bis 80 Prozent. Speicherstrom *jeder* Art ist allerdings teurer. Er ist ein Spitzenstrom.

Man darf aber gewiß sein, daß die Zeit die Verhältnisse zu Gunsten des Windkraftstromes verschieben wird.

Beim Kleinwindrad ist jedoch die Zeit des Einsatzes schon gekommen. Die Durchrechnung eines Amerikanischen Windrades von 8 m Durchmesser für Binnenlandverhältnisse hat ergeben, daß es in der Lage ist, in einem Durchschnittsjahr 7 000 kWh für den Haushalt anzubieten und zusätzlich soviel Ladestrom, daß man mit einem Elektrofahrzeug 20 000 Kilometer im Jahr fahren kann.

Diese Kombination hält auch heute schon jeden Preisvergleich aus. Warum nutzen wir sie nicht? Zu gern verschließen wir noch die Augen und wollen nicht sehen, daß unser „Energiebehälter ausläuft".

Noch im Jahr 1972 hat jeder, der gewerblich Statistiken aufstellte, bedenkenlos das Kurvenlineal benutzt, um Verbrauch, Sozialproduktsteigerung und andere Zuwachsraten, Bevölkerungszahlen und was immer gefragt war, vorauszusagen. Drei Jahre später hat kein einziger Wert mehr gestimmt. Eine Wirtschaftsrezession hatte einen Strich durch die Zahlen gezogen. Natürliche Regulative, Pannen, Neuerungen, politische Veränderungen, zu große Rüstungsausgaben und Verwaltungen, Verschwendung und Sättigung sowie das menschliche Verhalten, das nie antizyklisch ist, weil im Menschen instinktiv die Zukunftssicherung vor dem persönlichen Risiko beim antizyklischem Benehmen den Vorrang hat, alles das kann man nicht vorauswissen.

Auch das Wunderkind unserer Zeit, der Computer spuckte natürlich falsche Zahlen aus. Wie sollte er auch anders? Er ist nicht klüger als der Mensch, der ihn mit fraglichen Daten füttert. Der Computer kann das Nützliche und den Unfug nur schneller durchrechnen als der Mensch.

Was kann ein Ausblick also wirklich beantworten? Er kann nur insoweit für die Zukunft etwas aussagen, wie man gewillt ist, das Unveränderliche, die Naturgesetze und die empirischen Erkenntnisse nicht zu verlassen und die Prognose nur als eine Möglichkeit bewertet, als eine gewisse Wahrscheinlichkeit.

Auch der kleinste unentwickelte Staat weiß heute, daß erst der Besitz von praktisch verwertbarer Energie den Lebensstandard und die Sicherheit nach außen anlaufen läßt. Die Verbrauchergruppen werden also mit Sicherheit sich mehren. Ein erbitterter Konkurrenzkampf um die Energiebasen ist die logische Folge, die ein Absinken des Energieverbrauches in dieser Phase ausschließt.

Das Versiegen aller fossilen Energiequellen ist nicht aufzuhalten. Überlassen wir es dem Computer, uns die verschiedenen Zeitpunkte zu prophezeien.

Mit Sicherheit kann man annehmen, daß eines Tages die Uranvorkommen genau so nationalisiert werden wie derzeit die Ölfelder. Es ist unsinnig, darüber zu rechten. Jeder souve-

räne Staat hat das Recht, mit seinen Naturschätzen hauszu-
halten, darüber zu verfügen und Lieferverträge nicht mehr zu
erneuern.

Ohne Widerspruch muß auch hingenommen werden, daß
die Uranvorkommen eines Tages rar werden. Wie schnell
dieser Tag herannaht, läßt sich ahnen, wenn man weiß, daß
zum Beispiel Anfang 1975 auf der Erde 163 fertige Kernkraftwerke in Betrieb und schon weitere 332 im Bau oder be-
stellt waren, wobei die Kraftwerksdimensionen außerordent-
lich gewachsen sind.

Der schnelle Brüter, mit dem das nicht spaltbare Uran^{238}
in spaltbares Plutonium umgewandelt wird, kann eine Zeit
lang denen aus der Energieklemme helfen, die Uran^{238} besitzen (siehe oben).

Wer keinen unbegrenzten Glauben an die Technik und die
Naturwissenschaften besitzt, dem sei es auch erlaubt, an der
verwertbaren Kernfusion im Großen zu zweifeln oder ihr gar
eine weltweite Basis vorauszusagen. Nur die Reichsten könnten sie sich leisten.

Die Nutzung der Sonnen- oder Erdwärme für zentrale
Energieversorgung in den gigantischen Ausmaßen, die gefor-
dert werden müssen, bleibt reine Utopie.

Das sind die Fakten, auf denen jeder energetische Ausblick
aufbauen muß. Die Möglichkeiten der Zukunft stoßen sich an
den Realitäten.

Ebenso nüchtern und kühl muß man deshalb auch die
Windenergie in der Zukunft beurteilen. Was der Wind kann,
hat er in tausenden von Jahren gezeigt. Was er nicht kann, haben die Versuche in den letzten 50 Jahren in den Industriestaaten bewiesen. Der Wind ist als Leistungsvorhalter absolut
ungeeignet. Er ist dazu zu kapriziös, unzuverlässig und unbe-
rechenbar. Er kann aber trotz alledem Kilowattstunden erzeugen. Er kann mahlen, dreschen, sägen, Wasser pumpen,
Werkzeugmaschinen antreiben und er kann sogar schwere
Schmiede-Arbeit leisten, wenn man das System des Leucht-
turms von Büsum anwendet. Aber der Wind bleibt die Energie
des Gehöftes, der kleineren Gemeinden ohne nennenswerte
Industrie, und, mit Einschränkungen, die Energie des Hand-
werkes.

Sollte einst außer der Wasserkraft nur noch die Windenergie zur Verfügung stehen, wäre die Windkraft sicher nicht in der Lage, eine geordnete Stromversorgung in unserem heutigen Sinn zu gewährleisten, und zwar aus zwei Gründen. Der erste Grund, seine Unstetigkeit, ist schon erwähnt. Der zweite Grund ist aber noch gravierender; denn, um ein Großwindkraftwerk zu bauen, braucht man sehr viel Stahl. Doch gerade die Stahlerzeugung wird an der Kohlennot besonders lahmen. Es wiederholt sich die Lage, wie bei der ersten Dampfmaschine, deren Eisenbedarf so groß war, daß man sie sich eigentlich gar nicht leisten konnte, wenn man sie nicht so dringend gebraucht hätte, und zwar bei der Förderung der Kohle, die bei unserer Zukunftsvision ja nicht mehr vorhanden ist.

In allen Erdteilen treten Windgeneratoren zunehmend in Erscheinung, z. B. die 10 m-Propeller nach System Dr. U. Hütter, Stuttgart. Die abgebildeten 6 kW-Anlagen dienen zur Stromversorgung — links in einer afrikanischen Farm, rechts auf einer Ölbohrinsel vor der Küste von Mexiko

Wie sieht also unser Ausblick für die Windenergie realistisch aus?

Wasser pumpen kann das Windrad heute schon billiger als fast jede andere Energie. Die anderen Verrichtungen wurden schon aufgezählt, die sie wieder übernehmen kann. Man kann vielleicht sagen, daß die Windkraft für den vorindustriellen Lebensstandard ausreichen kann, wenn die Bevölkerungsdichte nicht mehr als das drei- bis fünffache der Landbevölkerung in Mitteleuropa überschreitet. Zur Zeit beträgt die Landbevölkerung dort etwa ein Zehntel bis ein Fünfzehntel der Gesamtbevölkerung.

Will man jedoch den industriellen Stand auch nur einigermaßen halten, so kommt man um die Veredelung der Windenergie in irgend einer Form nicht herum. Hier bietet sich ganz besonders die Erzeugung von Wasserstoff durch die Windkraft an; denn die Heizkessel der Wärmekraftwerke können statt mit Erdöl, Erdgas oder Kohlenstaub genauso mit Wasserstoffgas befeuert werden.

Die schon sichtbar werdende Windkraft-Wasserstofftechnologie kann natürlich nicht innerhalb von 10 Jahren oder 20 Jahren den heutigen verschwenderischen Energiebedarf der Industriestaaten decken. Man kann aber ernsthaft die Frage stellen, ob das denn auch notwendig sein wird.

Auf alle Fälle wird dank der Windenergie, sowie der technischen und physikalischen Kenntnisse der Menschheit die Steinzeit nie wieder kommen.

Quellenverzeichnis

Ackeret, J.: Das Rotorschiff und seine physikalischen Grundlagen, Göttingen 1925

Agricola, Georg: De re metallica (um 1540). Textausgabe Düsseldorf 1961 (VDI-Verlag)

Arnold, Gerhard: Bilder der Geschichte der Kraftmaschinen, München 1968

Aßmann, Richard: Die Winde in Deutschland. Vieweg-Verlag Braunschweig, 1911

Baumgartner: Mühlenbau

Beck, L.: Die Geschichte des Eisens, Braunschweig 1891

Beckmann: Beiträge zur Geschichte der Erfindungen

Betz, Albert, Prof. Dr.: Windenergie, Göttingen 1926

Bilau, Kurt: Die Windkraft in Theorie und Praxis, Berlin 1927

Bilau, Kurt: Windmühlenbau einst und jetzt, Leipzig 1933

Bilau, Kurt: Die Windausnutzung für die Krafterzeugung, Berlin 1942

Conradis, Heinz: Die Naßbaggerung bis zur Mitte des 19. Jahrhunderts, Berlin (VDI-Verlag)

La Cour, Paul: Die Physik auf Grund ihrer geschichtlichen Entwicklung, Braunschweig 1905

La Cour, Paul: Die Windkraft, Leipzig 1905

Energiequellen für morgen, Teil III: Nutzung der Windenergie. Hrsg. vom BMFT, Frankfurt 1977

Energie vom Wind. Tagungsbericht zur 4. Veranstaltung der Deutschen Gesellschaft für Sonnenenergie (DGS), Juni 1977 in Bremen, München 1977

Feldhaus, F. M.: Lexikon der Erfindungen und Entdeckungen, Heidelberg 1904

Feldhaus, F. M.: Die Technik der Antike und des Mittelalters, Potsdam

Feldhaus, F. M.: Die Technik der Vorzeit, der geschichtlichen Zeit und der Naturvölker, Leipzig/Berlin 1914

Feldhaus, F. M.: Kulturgeschichte der Technik, Berlin 1928

Feldhaus, F. M.: Ruhmesblätter der Technik, Leipzig 1924

Flettner, Anton: Mein Weg zum Rotor, Leipzig 1926

Geiger, R.: Das Klima der bodennahen Luftschicht, Braunschweig 1942

Geitel, Max: Der Siegeslauf der Technik, Stuttgart 1914

Grafstädt: Flettnerrotoren, Strelitz 1925

Hammel: Die Ausnutzung der Windkräfte, Berlin 1924

Hauser, Abhandlungen zur Geschichte der Naturwissenschaften, 1922

Heys, van: Wind und Windkraftanlagen, Berlin 1956

Honnef, Hermann: Windkraftwerke, Braunschweig 1932

Honnef, Hermann: Einführung in die Ausnutzung des Windkraftfeldes, Broschüre im Eigenverlag 1946

Horwitz: Technikgeschichte, Berlin 1933 (VDI-Verlag)

Justi, Eduard, Prof. Dr.: Die zukünftige Energieversorgung der Menschheit, Göttingen 1960

Kálmán, Lambrecht: Ungarische Mühlen, Budapest 1911

Kiaulehn, Walther: Die eisernen Engel, Hamburg 1953

Koehne: Das Recht der Mühlen bis zum Ende der Karolingerzeit, Breslau 1904

König, Felix v.: Energiewirtschaft und Windkraft, Broschüre 1946

König, Felix v.: Ein Versuchswindkraftwerk, Broschüre 1947

König, Felix v.: Wie man Windräder baut, München 1977

Liebe, Gottfried: Windelektrizität, ihre Erzeugung und Verwendung für ländliche Verhältnisse, Berlin 1915

Lindner, W.: Ingenieurbauten, Berlin 1923

Lübke: Technik und Mensch im Jahr 2000, München 1927

Luegers Lexikon der gesamten Technik, Stuttgart (Deutsche Verlagsanstalt)

Matschoß, Conrad: Beiträge zur Geschichte der Technik und Kultur, Berlin (VDI-Verlag)

Matthöfer, Hans [Hrsg.] und Michael Meliß: Energiequellen für morgen? (Reihe „Forschung aktuell"), Frankfurt 1976

Meyer: Windkraft, Leipzig 1954

Neumann, Friedrich: Die Windmühlen, – ihr Bau und ihre Berechnung, Weimar 1864

Notebaart, Jannis: Windmühlen, Den Haag/Paris 1972

Nutzung der Windenergie, Programmstudie der Arbeitsgemeinschaft für Großforschungsanlagen (AGF), herausgegeben vom deutschen Bundesministerium für Forschung und Technologie, Bonn/Frankfurt 1976

Peschke, W.: Das Mühlenwesen der Mark Brandenburg bis 1600, Berlin 1937 (VDI-Verlag)

Pleßner, Max: Die Dienstbarmachung der Windkraft für den elektrischen Motorbetrieb, 1893

Programm Energieforschung und Energietechnologien 1977–1980. Hrsg. vom BMFT, Frankfurt 1977

Rau, Hans: Heliotechnik, München 1975/1976

Reichsarbeitsgemeinschaft Windkraft (RAW)/Erster technischer Bericht, Selbstverlag, Berlin 1940

Römer, Boto und Hans v.: Technische Wunder von heute und morgen, Minden

Rühlmann, M.: Allgemeine Maschinenlehre Band I, Berlin 1875

Schieber, Walther: Energiequelle Windkraft, Berlin 1941

Schlichting, H. P.: Energie, die treibende Kraft unseres Lebens, Wien/ Heidelberg 1970

Sterz: Moderne Windturbinen, Leipzig 1912

Schubarth: Repertorium der technischen Literatur, Berlin 1856

Skansen: Skansens kulturgeschichtliche Abteilung, Stockholm 1925

Sörensen: Das Verhalten von Schaufelprofilen in der Nähe der Schallgeschwindigkeit, Berlin 1942 (VDI-Verlag)

Torrey, Volta: Wind Catchers, Brattleboro (USA) 1976

Vatter, Hans: Das kleine Windelektrizitätswerk, Leipzig 1905

Quellenverzeichnis

Bildnachweis: *Soweit die Abbildungen nicht historische Darstellungen und eigene Skizzen des Verfassers sind, ist folgenden Stellen für Bildvorlagen zu danken (Seitenhinweise in Klammern):*

Hanns-Jörg Anders/STERN Syndikation (185, 186) — Bavaria-Verlag, Gauting/Ruth Hallensleben (104)/Omnia (137)/Scherber (146) — Deutsches Museum, München, (51, 64, 75, 76 l., 77, 97, 103, 193) — Germanisches Nationalmuseum, Nürnberg (59) — Kraftwerk-Union AG, KWU-Geschäftsbericht 1973 (170/71) — Joachim Nitzsche (42) — Ernst Richter, Norden (105) — Staatliche Landesbildstelle Hamburg (106) — Michael Wolgensinger, Zürich (50)

Suchwörterverzeichnis

Über den Einsatz der Wind- und Sonnenenergie informieren folgende weitere Verlagswerke:

Felix von König
Wie man Windräder baut
Konstruktion und Berechnung

Dieser zweite Band des Autors von „Windenergie in praktischer Nutzung" ergänzt die Informationen über die Geschichte sowie gegenwärtige und zukünftige Nutzung der Windenergie um die theoretischen Grundlagen, die zur Herstellung von funktionierenden Windrädern benötigt werden: Profildarstellungen, Maßangaben, Arbeitsgleichungen, Schaltbilder, Kreisfunktionstafeln. (Im vorliegenden Band über die Windenergie wird auf dieses „technische Berechnungsbuch" mehrfach hingewiesen.)

1977, 142 Seiten, mit 44 Zeichnungen und Diagrammen, 14 x 22 cm, Efalin-Einband · ISBN 3-7906-0068-7, DM 40,—

Informationswerk Sonnenenergie
Hausheizung · Warmwasserbereitung · Kühlung · Stromgewinnung

Die Sonnenenergie-Technik in 30 Kapiteln, dargestellt von einem Autorenteam (Meteorologen, Physiker, Energie-Fachleute, Juristen, Architekten, Ingenieure, Heizungsbauer). Mit 198 Zeichnungen und Diagrammen, 70 Fotos und 56 Tabellen.

1977, 4 Bände mit zusammen 348 Seiten (je Band 80 bis 110 Seiten), Großformat 21 x 30 cm, Efalin-Einband
ISBN 3-7906-0076-8, DM 135,—

Die Bände sind einzeln zum Preis von je DM 40,— erhältlich.

Hans Rau
Heliotechnik
Erfahrungen aus 40 Ländern

Geschichte, erste Anwendungen, Verbesserung und gegenwärtige Entwicklung der Sonnenenergie-Nutzung, mit vielen Fotos sowie instruktiven zweifarbigen Zeichnungen.

1976, 3. Auflage, 240 Seiten, 134 Abbildungen, 14 x 22 cm, Linson-Einband · ISBN 3-7906-0061-X, DM 36,80

Fordern Sie unser Gesamtverzeichnis an. Weitere Bücher über umweltfreundliche und „regenerative" Energiequellen sind lieferbar oder in Vorbereitung. Preisänderungen vorbehalten.

Udo Pfriemer Verlag · Postf. 20 1940 · D-8000 München 2